霾单

公共卫生与我们的健康

主审　孙志伟

主编　刘翠清　张蕴晖

中国科学技术出版社
·北京·

U0728829

图书在版编目（CIP）数据

霾单：公共卫生与我们的健康 / 刘翠清，张蕴晖主编 . —北京：中国科学技术出版社，2023.11

ISBN 978-7-5236-0251-5

Ⅰ . ①霾… Ⅱ . ①刘… ②张… Ⅲ . ①空气污染 - 影响 - 健康 Ⅳ . ① X510.31

中国国家版本馆 CIP 数据核字（2023）第 163736 号

策划编辑	宗俊琳　王　微
责任编辑	王　微
文字编辑	李琳珂
装帧设计	华图文轩
责任印制	李晓霖

出　　版	中国科学技术出版社
发　　行	中国科学技术出版社有限公司发行部
地　　址	北京市海淀区中关村南大街 16 号
邮　　编	100081
发行电话	010-62173865
传　　真	010-62173081
网　　址	http://www.cspbooks.com.cn

开　　本	880mm×1230mm　1/32
字　　数	97 千字
印　　张	6
版　　次	2023 年 11 月第 1 版
印　　次	2023 年 11 月第 1 次印刷
印　　刷	大厂回族自治县彩虹印刷有限公司
书　　号	ISBN 978-7-5236-0251-5 / X · 155
定　　价	68.00 元

（凡购买本社图书，如有缺页、倒页、脱页者，本社发行部负责调换）

编著者名单

主　　审　孙志伟　首都医科大学

主　　编　刘翠清　浙江中医药大学

　　　　　张蕴晖　复旦大学

编　　者　（以姓氏汉语拼音为序）

　　　　　敖　琳　陆军军医大学

　　　　　陈如程　浙江中医药大学

　　　　　段军超　首都医科大学

　　　　　顾唯佳　浙江中医药大学

　　　　　李久凤　复旦大学

　　　　　李　冉　浙江中医药大学

　　　　　刘翠清　浙江中医药大学

　　　　　孙庆华　浙江中医药大学

　　　　　徐燕意　复旦大学

　　　　　张蕴晖　复旦大学

　　　　　赵金镯　复旦大学

插图绘制　汪颖晨　浙江中医药大学

学术秘书　秦　丽　浙江中医药大学

　　　　　张　成　浙江中医药大学

内容提要

本书是国内首部以雾霾与疾病为主题的科普读物，由浙江中医药大学刘翠清教授、复旦大学张蕴晖教授联合多位环境健康专家编著。全书共三部分11 章，第一部分为认识雾霾，主要介绍雾霾的由来、空气质量指标、国内外雾霾事件、雾霾与健康的关系，帮助读者初步认识雾霾；第二部分为雾霾与疾病，系统阐述了雾霾对人体各系统健康的影响，并重点阐述了雾霾对孕妇、胎儿、儿童等人群的影响；第三部分为预防雾霾，列举了国内各级政府对雾霾的防控政策和措施，解答了家庭与个人应如何预防雾霾相关疾病，以及如何降低雾霾对身体的危害等问题。

本书结合毒理学与环境科学的前沿知识及国内雾霾防控工作的现状，全面讲述了雾霾对健康的影响及预防举措，具有较强的现实意义和科普价值，既可作为青少年及成人的科普读物，又可作为环境健康领域专业人员的参考书。

序

　　2016 年，中共中央、国务院印发了《"健康中国 2030"规划纲要》，确定了"共建共享、全民健康"是建设健康中国的战略主题。空气污染是对全球的重大健康挑战，在致死危险因素中居第四位，仅次于不良饮食习惯、高血压和吸烟。事实上，空气污染不仅引起呼吸系统疾病，还影响机体心血管、神经、生殖等多个系统的健康。全球疾病负担数据显示，每年因空气污染导致过早死亡的人数接近 700 万。近期研究还发现，空气污染，尤其是颗粒物污染，与死亡风险之间没有阈值，即使是低水平的空气污染也会增加死亡风险。

　　空气污染危害健康、影响经济，已引起国家高度重视。政府采取了诸多措施，如空气"国十条"、蓝天保卫战等，分步骤推进雾霾治理工作，并取得了阶段性进展。2021 年中国环境状况公报显示，六类污染物的浓度有明显下降，全国 339 个地级及以上城市中，218 个城市空气质量达标，占比 64.3%。世界卫生组织于 2021 年 9 月修订并发布了《全球空气质量指导值（2021）》（AQG 2021），以期进一步降低空气污染的全球公共健康风险。其中，$PM_{2.5}$ 年均目标值由 $10\mu g/m^3$ 下调到 $5\mu g/m^3$，远远低于我国现阶段 $35\mu g/m^3$ 的标准。基于空气污染健康危害的严重性和持续性，可以预见其引起的疾病负担将长期存在。作为环境健康研究人员，我们很清楚，在迭代更新的信息洪流中，社会及民众对空气污染健康危害的认识远远不够，对如何进行有效预防更是缺乏正确认知。因此，我们有责任向公众普及雾霾与健康的科普知识，以最大限度降低空气污染对人群健康带来的危害。

刘翠清教授从事空气污染与健康研究十余年，不仅带领团队创建研究平台并打造成浙江省科技厅"大气污染与健康"国际科技合作基地，还承担了科技部重点研发计划、国家重大研究计划等国家级和省级多项空气污染与健康的研究课题，取得了丰硕的研究成果。复旦大学公共卫生学院张蕴晖教授是上海市环境与健康青少年科普创新工作站负责人，长期从事环境健康领域的教学科研及科普工作，培养了数十位环境健康研究青年人才及百余名参与环境健康科创课题的高中生。两位教授组织十余位领域内专家共同编写了这部《霾单：公共卫生与我们的健康》，不仅可作为面向大众的科普读物，还可作为该领域研究者的入门参考书。该书从认识雾霾、雾霾与疾病、预防雾霾三个方面，向民众普及相关知识，在"知识补课"的基础上引导公众思考环境健康问题。其语言深入浅出，且不失学术高度，同时配有通俗易懂的科普插图，可以帮助读者更好地阅读和理解。

相信这部科普读物可以加深读者对雾霾危害健康的认知，引起读者对雾霾预防的重视，从而加强绿色环保意识，主动投入到保护环境和健康中国行动中来。

复旦大学公共卫生学院教授、副院长
国家教育部长江学者特聘教授
世界卫生组织全球空气质量准则制定专家委员会委员　阚海东
国家环境与健康专家咨询委员会委员
中国环境科学学会环境科学首席传播专家

前　言

随着世界经济的快速发展，人类的社会环境得到了极大改善，但与此同时却付出了包括空气质量恶化等自然环境污染的昂贵代价。近年来，连续出现的雾霾天气，从北方到南方，从内地到沿海，覆盖了大半个中国。于是乎，$PM_{2.5}$ 这一专业术语也成了人们耳熟能详的名词。作为雾霾的载体——大气，无处不在、无时不有；作为这个世界的主体——人类，又无时无刻不在呼吸。由此，雾霾便与我们结下了深深的"鱼水情"。

事实上，雾霾与人体的结合，不仅是被动的"相爱"，更是主动的"相杀"。雾霾是人体的入侵者，进入人体后会引起各种急性、慢性的损伤。值得关注的是，肺内吸入的雾霾居然还与心血管疾病、糖尿病、老年痴呆、不孕不育……甚至子孙后代的疾病息息有关。然而，雾霾的慢性损伤常常被人们忽略，对雾霾的肺外健康损害作用的认知却仅局限于科研工作者。要保护人群健康,必须尽可能地让全民了解这"鱼水情"背后的故事。因此,我们着手编写了本书,通过雾霾相关科学知识的传播与普及使得人们能准确认识雾霾的健康危害,促进公众实现以科学知识为基础的思维提高,从而实现对雾霾相关疾病的科学预防。

本书编者均为一线科研工作者,具有从事空气污染健康危害研究的多年工作经验,多为环境健康领域知名的专家或资深教授。在编写过程中,我们系统梳理了国内外空气污染与健康的研究进展,结合自身的工作积累和认知,竭力争取内容专业全面、文字浅显易懂、形式图文并茂,以期深入浅出地将雾霾相关的疾病及预防措施呈现给广大读者。本书以雾霾相关疾病为主题,从认识雾霾、雾霾与疾病、预防雾霾三个方面围绕健康危害最严重、人们最关心的系列问题,分11章对相关的医学科普知识进行了逐一阐述。

雾霾对健康的危害如此之广、如此之重,可能令人心情沉重。但本书的初衷并不是让读者谈"霾"

色变，而是希望读者能认识到因雾霾导致健康问题的客观存在及我国空气污染治理举措，理性地采取科学措施预防雾霾的损害，并自觉投入到保护环境、建设健康中国的行动中来。

本书编写过程中，得到中国科学技术出版社的指导与帮助，十余位专家为本书编写花费了大量时间和精力，特别是浙江大学姚耿东教授为书稿的修改付出了辛勤劳动和汗水，首都医科大学孙志伟教授对本书的构思与成稿给予了大力支持与具体指导，复旦大学阚海东教授倾情作序，在此一并表示衷心感谢和崇高敬意！由于资料收集汇总有限，书中可能遗有疏漏和不足之处，恳请各位同行和广大读者提出宝贵意见，以期再版时更臻完善。

刘翠清　张蕴晖

目　录

认识雾霾

雾霾与疾病

预防雾霾

认识雾霾

第 1 章　霾之问：雾霾的由来和现状

雾霾是哪里来的？雾霾就是空气污染吗？

近十年来，雾霾一下子成了一个时尚的名词，2013 年还被"推崇"为年度关键词。事实上，雾霾是人类活动与特定气候条件相互作用的结果。高密度人口状态下，人类经济及社会活动必然会产生包括颗粒物在内的大量污染物；一旦排放量超过大气的承载能力和循环自净能力，污染物将持续积聚，便产生了雾霾。因此，雾霾天气是一种室外空气的污染状态。

全球空气污染状况如何？

空气污染是全世界共同面对的问题。世界卫生组织（WHO）于 2022 年 4 月 4 日发布的数据显示，全球

99% 的人口都生活在空气污染严重的地区，高于 4 年前的 90%。2021 年空气质量调查显示 117 个国家 6475 个城市中，只有 222 个城市的平均空气质量达到 WHO 标准，占比 3.4%；约 97% 的城市年均空气污染超过了 WHO 制定的空气质量标准。所以从世界范围来看，空气污染形势不容乐观。

在这份榜单上，空气质量最好的三个地区是法属新喀里多尼亚、美属维尔京群岛和美属波多黎各；澳大利亚、加拿大、日本和英国的空气质量也名列前茅。而孟加拉国、乍得共和国、巴基斯坦、塔吉克斯坦和印度是空气污染最严重的国家，如细颗粒物（空气动力学直径≤2.5μm 的颗粒，$PM_{2.5}$）平均浓度超过 WHO 标准至少 10 倍。印度的总体污染水平在 2021 年恶化，新德里仍是世界上污染最严重的首都。但是，在非洲、南美和中东的一些发展中国家，仍然没有空气质量监测站，导致这些地区缺乏空气质量数据。

我国空气污染程度有多严重？

那么，我们国家空气质量现状如何呢？根据 2021

年中国环境状况公报，全国 339 个地级及以上城市中，218 个城市环境空气质量达标，占比 64.3%，相较 2020 年上升 3.5%。339 个城市平均优良天数比例为 87.5%，比 2020 年上升 0.5%（图 1-1）。

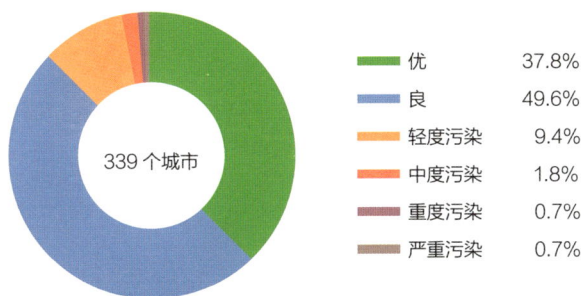

图 1-1　2021 年 339 个城市环境空气质量各级别天数比例

$PM_{2.5}$、空气动力学直径 ≤10μm 的颗粒（PM_{10}）、臭氧（O_3）、二氧化硫（SO_2）、二氧化氮（NO_2）和一氧化碳（CO）浓度分别是 30μg/m³、54μg/m³、137μg/m³、9μg/m³、23μg/m³、1.1mg/m³。与 2020 年相比，六类污染物浓度均下降（图 1-2）。

什么是空气质量标准？现行的空气质量标准是怎样的？

空气质量标准是为贯彻《中华人民共和国环境保

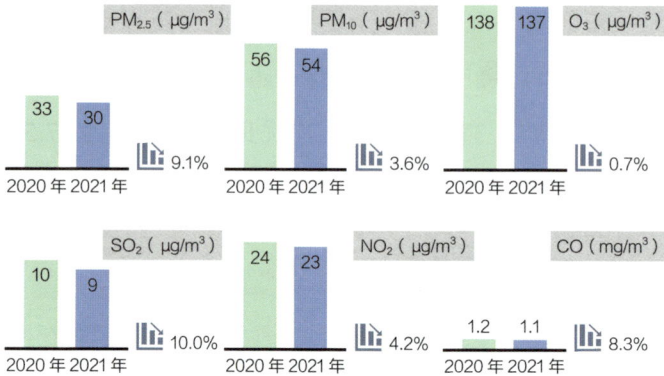

图 1-2 2021 年 339 个城市六类污染物浓度及年际比较
图片来源：P020220624327755600688.pdf (cnemc.cn)

护法》和《中华人民共和国大气污染防治法》，保护和
改善生活环境、生态环境，保障人体健康制定的标准。
不同国家，空气质量标准也有所不同。我国目前执行
的环境空气质量标准低于国际标准（表 1-1）。

为进一步降低全球公共健康风险，WHO 于 2021 年
9 月 23 日修订并发布了《全球空气质量指导值（2021）》
（AQG 2021）。该文件涵盖了 $PM_{2.5}$、PM_{10}、O_3、NO_2、SO_2、
CO 等主要空气污染物的指导值水平。其中，$PM_{2.5}$ 年均浓
度目标值由 $10\mu g/m^3$ 下调到 $5\mu g/m^3$，24h 目标值由 $25\mu g/m^3$
下调到 $15\mu g/m^3$。此外，还根据不同浓度空气污染对健康
风险的影响，制订了 AQG 的阶段性目标（表 1-1）。

表1-1　中国（GB 3095－2012）与 WHO（AQG2021）
空气质量标准的比较

污染物	均值时间	中国	WHO	阶段性目标值（IT）			
				IT-1	IT-2	IT-3	IT-4
$PM_{2.5}$（μg/m³）	年均值	35	5	35	25	15	10
	24h 均值	75	15	75	50	37.5	25
PM_{10}（μg/m³）	年均值	70	15	70	50	30	20
	24h 均值	150	45	150	100	75	50
O_3（μg/m³）	峰季	/	60	100	70	/	/
	8h 均值	160	100	160	120	/	/
	1h 均值	200	/	/	/	/	/
NO_2（μg/m³）	年均值	40	10	40	30	20	/
	24h 均值	80	25	120	50	/	/
	1h 均值	200	/	/	/	/	/
SO_2（μg/m³）	年均值	60	/	/	/	/	/
	24h 均值	150	40	125	50	/	/
	1h 均值	500	/	/	/	/	/
CO（mg/m³）	24h 均值	4	4	7	/	/	/
	1h 均值	10	/	/	/	/	/

我国的《环境空气质量标准》（GB 3095－2012）自2016 年 1 月 1 日起在全国实施。标准中对六类空气污染物平均时间及浓度限值等指标做了规定，其中，$PM_{2.5}$ 年平均一级浓度限值为 15μg/m³，二级浓度限值为 35μg/m³；24h 平均一级浓度限值为 35μg/m³，二级浓度限值为 75μg/m³。

经常在广播听到 AQI，在手机看到 AQI，什么是 AQI？

AQI（air quality index）是空气质量指数，用来评估空气污染情况。根据规定时段内，由六类污染物浓度与对应的《环境空气质量标准》（GB 3095－2012）二级标准值之商的总和计算而来。与空气污染指数相比，AQI 增加了 $PM_{2.5}$ 的评估指标，更适应目前空气污染形势的需要。

AQI 共分六级。≤50 为优，≤100 为良，≤150 为轻度污染，≤200 为中度污染，≤300 为重度污染，＞300为严重污染。

欧美日等国家空气质量一直好吗？

并不是。随着现代化学、冶炼、汽车等工业的兴起和发展，工业"三废"排放量不断增加，环境污染和破坏事件频频发生，在 20 世纪 30 年代至 60 年代，发生了八起震惊世界的公害事件。其中五起事件和空气污染有关，四起发生在欧美国家，一起发生在日本。

事件一：比利时马斯河谷烟雾事件

马斯河谷地区是比利时重要工业区，建有炼油厂、金属冶炼厂、玻璃厂、炼锌厂、电力厂、硫酸厂、化肥厂和石灰窑炉等，工业区全部处于狭窄的盆地中。1930 年 12 月，马斯河谷上空出现了很强的逆温层，大量烟雾弥漫在河谷上空无法扩散，有害气体在大气层中越积越厚，其积存量接近危害健康的极限。在 SO_2 和其他几种有害气体以及粉尘的综合作用下，河谷工业区有上千人发生呼吸道疾病，症状表现为胸痛、咳嗽、流泪、咽痛、声嘶、恶心、呕吐、呼吸困难等。一周内就有 60 多人死亡，是同期正常死亡人数的十多倍。有关部门进行调查和分析后，认为工业废气中硫的氧化物——SO_2 气

体和 SO_3 烟雾的混合物是导致此次事件的始作俑者。

事件二：美国多诺拉烟雾事件

1948 年发生的美国多诺拉烟雾事件，也是由工业排放煤烟造成的大气污染公害事件。多诺拉小镇是硫酸厂、钢铁厂、炼锌厂的集中地，工厂排放含有 SO_2 等有毒有害物质的气体及金属微粒。1948 年 10 月，小镇持续大雾、无风，导致逆温现象的发生，这些毒害物质聚集在山谷中积存不散，严重污染了大气。人们在短时间内大量吸入这些有害气体，引起各种症状，全城 14 000 人中有 6000 人出现眼痛、喉咙痛、头痛、胸闷、呕吐、腹泻，20 多人死亡。死者年龄多在 65 岁以上，或原来就患有心脏病或呼吸系统疾病，情况和当年的马斯河谷事件相似。

事件三：英国伦敦烟雾事件

众所周知，英国伦敦素有"雾都"之称。然而，震惊世界的 1952 年伦敦烟雾事件使人们不得不重新审视大气污染带来的危害。城市发电靠煤，火车的动力来自煤，工厂靠烧煤进行生产制造，居民家庭也靠烧煤来取暖，导致英国大城市燃煤量剧增。1952 年 12 月 5 日至

9 日，由于连续数日无风，又值城市冬季大量燃煤，排放的煤烟粉尘蓄积不散，烟和湿气积聚在大气层中，致使城市上空连续四五天烟雾弥漫（图 1-3）。居民出门走路都要小心翼翼，回家时发现脸和鼻孔变得黝黑，泰晤士河上的船、火车、飞机也被迫停止运行。许多人都感到呼吸困难，眼睛刺痛，流泪不止，伦敦城内到处都可以听到咳嗽声，发生哮喘、咳嗽等呼吸道症状的患者

图 1-3　1952 年伦敦烟雾事件时的纳尔逊纪念柱
图片来源：N.T.Stobbs 摄 /wikimedia

明显增多。同时，伦敦市民死亡率陡增，仅仅 4 天时间，死亡人数就达 4000 多人。这场大雾期间，正值伯爵宫举办著名的农牧业展览。农民们把牲畜带到伦敦的过程中，有些牲畜也出现呼吸困难。展会过程中，350 头牛有 52 头严重中毒，11 头牛死亡。据分析，烟尘、氯化氢、CO_2、氟化物及 SO_2 都是酿成此次事件的罪魁祸首。

事件四：日本四日市哮喘事件

日本四日市被称为"石油联合企业城"，石油冶炼和工业燃油产生的废气严重污染城市空气。全市工厂粉尘和 SO_2 的年排放量达 13 万吨，500 米厚的烟雾中充斥着多种有毒气体和有毒金属粉尘，重金属微粒与 SO_2 形成硫酸烟雾，促使市民的哮喘病频繁发作。很显然，以上这些国家的悲惨遭遇并没有给日本敲响警钟。1961 年日本四日市哮喘事件再一次说明：调整产业结构与布局促进传统工业绿色转型迫在眉睫。

欧美国家早期为何频频出现雾霾天气？

人类进入化石燃料时代后，雾霾天气频繁出现，与工业化和城市化导致能源迅速消耗、人口高度聚集、生态环境破坏密切相关。雾霾天气通常是多种污染源混合作用形成的，比如汽车尾气、工业排放、建筑扬尘、垃圾焚烧（图 1-4），甚至火山喷发等。当然，不同时间、不同地区的雾霾天气中，不同污染源的作用程度各有差异，还需具体看待。

自工业革命起，西方国家煤炭的产量和消耗量逐年上升。据统计，20 世纪 40 年代初期，世界范围内工业生产和家庭燃烧所释放的 SO_2 每年高达几千万吨，其中 2/3 是由燃煤产生的，由此酿成多起大气污染公害事件。与此同时，独特的气候条件——"逆温"，加大了污染

图 1-4 雾霾污染主要来源

的范围与程度。逆温，顾名思义，指气温随高度增加而增高的现象，当逆温层出现时，密度大的冷空气在下，密度小的暖空气在上，严重阻碍地面空气层的对流运动，近地面污染物无法稀释，因此容易导致污染事件发生。上述几起公害事件均与逆温层出现有关。

浅蓝色烟雾"横空出世"？

随着汽车的出现和大量使用，大气污染在一些大城市已逐渐由煤烟型污染转向交通型污染，一种常发生在阳光强烈的夏秋季节的新型雾霾——光化学烟雾出现了，因其独特的浅蓝色而广受关注。

事件一：美国洛杉矶光化学烟雾事件

该事件也是八大"公害事件"之一。美国洛杉矶早在 1940 年就拥有 250 万辆汽车，每天消耗大约 1100 吨汽油，排出 1000 多吨碳氢化合物（各种烃类），300 多吨氮氧化物（NO_x），700 多吨 CO。另外，还有炼油厂、供油站等其他石油燃烧排放，这些化合物被排放到阳光明媚的洛杉矶上空，仿佛形成了一个毒烟雾工厂。而且洛杉矶三面环山，大气污染物不易扩散，经常受到逆温的影响，使污染物更容易地聚集在洛杉矶本地。1943年7月拂晓时分，城市上空弥漫着一种不常见的浅蓝色烟雾，使整座城市上空变得浑浊不清（图1-5）。这种烟雾使人眼睛发红、咽喉疼痛、呼吸憋闷、头昏、头痛。这是洛杉矶有史以来第一次遭到光化学烟雾的攻击。1943年以后，烟雾更加肆虐，以致远离城市100公里以外的海拔2000米高山上的大片松林也因此枯死，柑橘减产。1955年9月，洛杉矶发生了最严重的光化学烟

图1-5　1943年7月洛杉矶的光化学烟雾事件
图片来源：Daniels Gene 摄 / 美国国家档案和记录管理局，编号：8463941

雾事件，仅两天内因呼吸系统衰竭而死亡的 65 岁以上老人达 400 多人。

光化学烟雾是汽车、工厂等污染源排入大气的 HC 和 NO_x 等一次污染物在阳光作用下发生光化学反应生成 O_3、过氧乙酰硝酸酯（PAN）等二次污染物，与一次污染物混合所形成的有害浅蓝色烟雾。光化学烟雾的形成及其浓度，除受汽车排放尾气中污染物的数量和浓度直接决定以外，还受太阳辐射强度、气象以及地理等条件的影响。光化学烟雾可以说是百害而无一利，不仅使农作物受到损害，并且大大降低大气能见度，影响人类生活，损害人群健康。

事件二：我国兰州光化学烟雾事件

无独有偶，1974 年，我国兰州地区也曾出现光化学烟雾污染事件。此后，京津唐、珠三角、长三角地区均发生过光化学烟雾污染，这也开启了我国对光化学烟雾污染的研究。据记载，盛夏之际，兰州西固区常出现"雾茫茫，眼难睁，人不伤心泪长流"的场景。兰州西固地区是我国最早的石油化学工业基地之一，在这块面积不是很大的土地上，建有石油化工厂、合成橡胶厂、炼油厂、火电厂等数家企业，遍地的工厂区，烟囱林立，烟雾弥漫。西固区属于三面环山的河谷盆地，大气对流相对稳定，且地处高原，日光辐射强烈，这些都为光化学烟雾的产生提供了充分的条件。1974 年夏季上午 10 点左右，整个西固地区笼罩在淡蓝色烟雾之下，大气能见度只有 200 米左右，人们明显感觉到眼酸、眼痛、流泪、胸闷、呼吸困难、喉痛、身体乏力，无论是在山坡还是山顶，甚至是室内都有相同感受。这种情况一直持续到下午 5 点左右，烟雾才逐渐消散，刺激才渐渐消失。据资料记载，当时兰州空气中 O_3 的时均浓度严重超标，远高于日本某些光化学污染重灾区。虽然同属于光化学烟雾，但是兰州光化学烟雾事件与洛杉矶光化学烟雾事件有所区别，其污染主要来源是石油化工污染，而洛杉矶光化学烟雾事件污染来源是汽车尾气。

我国近年的严重雾霾事件有哪些？

随着城市化、工业化、区域经济一体化进程的加快，我国大气污染正从单一的城市空气污染向区域、复合型大气污染转变。复合型大气污染是指大气中由多种来源的多种污染物在一定的大气条件下发生的相互作用，彼此构成的复杂大气污染体系。近十年，雾霾天气发生较为频繁，并时有严重、大面积雾霾事件发生。

2013 年初，北京、河北等地遭遇严重雾霾天气；10 月份以后，大范围雾霾污染蔓延至哈尔滨、苏州、上海、甚至三亚等地，从东北到华南无一幸免。据报道，2013 年，中国平均雾霾天数创 52 年最高纪录。哈尔滨市的年度冬季燃煤取暖系统开启的第二天，以中国东北地区哈尔滨为中心，包括吉林省、黑龙江省、辽宁省在内的大部分地区均发生大规模雾霾污染。哈尔滨市 $PM_{2.5}$ 的日平均值一度达到 $1000\mu g/m^3$，超出 WHO 标准 40 多倍；能见度降至 20 米，东北三省交通受到严重影响，部分城市交通瘫痪，高速路封闭，各大医院就诊的呼吸系统疾病患者激增两成以上，数千所学校停课。据专家分析，此次雾霾事件与供暖燃煤锅炉的陆续启动直接相关。同时，受到弱冷空气影响，风力较小，不利于污染物扩散，又恰逢秋收季节，城郊及周边县市在此期间大量焚烧秸秆，产生大量烟尘。诸多因素导致了此次东三省重大雾霾事件，众多防治举措也无济于事。

2016 年中国"最强雾霾"的影响范围扩大至 17
个省区市，面积达 142 万平方公里。全国达到严重污
染的城市共 24 个，8 个城市出现 AQI 小时值"爆表"
情况，均在京津冀及周边地区。北京市、天津市等 24
个城市已启动重污染天气红色预警相应措施，启动橙
色以上预警措施的城市则超过 50 个。北京大雾、霾
预警双发，一些地区能见度不足 50 米，仿佛置身于"仙
境"，分不清雾和霾。受大雾和霾共同影响，北京 169
架次航班取消，高速公路受阻。

我国雾霾这么严重，能治理好吗？

对此我们要有十足的信心，蓝天必将与我们同在。
我国已经充分意识到雾霾的危害。习近平总书记在 2014
年国际工程科技大会上发表主旨演讲时特别提出"着力
解决雾霾等一系列问题，努力建设天蓝地绿水净的美丽
中国"。事实上，我国已经在分阶段积极推进雾霾治理
工作。2013 年 6 月，国务院组织召开常务会议，部署
《大气污染防治行动计划》十条措施，制订了 2017 年的
防治目标并全面实现。各级政府继续采取了各种强有力

措施加以防范，改善能源结构、新能源机动车推广和政策调整、扬尘处理等已经开始显效。《2021 年中国环境状况公报》明确指出，与 2020 年相比，六类污染物 $PM_{2.5}$、PM_{10}、O_3、SO_2、NO_2 和 CO 浓度已经有了较为明显的下降。2021 年 11 月，中共中央国务院印发《关于深入打好污染防治攻坚战的意见》。该意见指出，到 2025 年，生态环境持续改善，主要污染物排放总量持续下降，单位国内生产总值二氧化碳排放比 2020 年下降 18%，地级及以上城市 $PM_{2.5}$ 浓度下降 10%，空气质量优良天数比率达到 87.5%。

当然，雾霾形成是一个长期过程，治理起来也不会一蹴而就。要打一场治理雾霾的攻坚战、持久战。在党和政府领导下，只要全社会"同呼吸、共努力"，我们相信定能打赢这场"蓝天保卫战"。

（刘翠清）

第 2 章　霾之病：雾霾与健康

什么是雾霾？

　　当您在漆黑的屋子里打开手电筒，一束光穿过黑暗，您是否发现原来看似完全透明干净的空气中有如此多"灰尘"？不必惊慌，因为这些"灰尘"本身就是空气的一部分，还有一个文绉绉的专有名字叫"颗粒物"。之前大家似乎是习惯了它在空气中的存在，并没有太在意甚至去关注它。然而近年来，雾霾、$PM_{2.5}$这两个词逐渐进入到我们的视野中，"雾霾来袭"、"雾霾天应该注意……"等一系列的新闻报道不断地轰炸着我们。而且，雾霾也影响着我们的日常生活。人们开始根据有无雾霾和空气质量指数来规划当天的行为活动、决定出行方式，甚至是否出门。同时，市场上的空气净化器层出不穷，大多数空气净化器都打着有效过滤$PM_{2.5}$的旗号销售。但是，究竟什么是雾霾呢？什么是$PM_{2.5}$呢？大家对雾霾的认知可能只停留在这是一种危害较大的天气现象。但是对于这个天气现象是什么？为什么会产生？对我们的身体健康有何影响？似乎了解较少。

那么雾霾究竟是什么呢？简单来说它既是像降水、雷电一样的天气现象，又是大气污染问题。雾霾指的是相对湿度小于90%，能见度小于10公里的天气现象。那什么是$PM_{2.5}$呢？有的人会说这是一种粒径小于$2.5\mu m$的颗粒，这个说法并不完全错误，但也不完全正确。我们在研究大气时，为了方便研究各种类型的颗粒物，引入了一个有单位密度的球形颗粒物的模型。当我们研究的大气颗粒物与这个模型的空气动力学效应相同，这个模型的直径就是我们研究的大气颗粒物的空气动力学等效直径。所以$PM_{2.5}$并不是说颗粒物真实的直径小于或等于$2.5\mu m$，而是说与之相对应的模型直径小于或等于$2.5\mu m$。

近年来，雾霾一词频频出现在我们的生活中，一年之中也免不了"雾霾天"的来访。那么雾霾究竟是什么？雾霾天我们又应该注意什么呢？

雾与霾有什么区别?

看到这里，相信您已经知道了究竟什么是雾霾，但是您可能会问雾和霾是一回事儿吗？它们两者之间有什么不同吗？想要了解雾和霾有什么区别，我们不妨先来看看究竟什么是雾、什么是霾。雾是一种自然的天气现象，它是在水气充足、微风、大气较稳定的环境下，空气中的水汽遇冷凝结形成水滴而造成能见度下降的现象。而霾是由于空气中的颗粒物过多导致能见度降低到 10 公里以下的一种现象。下方图示也生动地描绘了雾与霾的形成（图 2-1）。相信您已经明白了雾和霾有什么区别，简单来说雾的主要成分是水，是由于空气中的水

水汽＋冷＝雾

vs. 霾 ＝ 各种颗粒物质

图 2-1　雾与霾的形成与区别

汽遇冷形成了小冰晶与小液滴，而霾则是由于空气中的颗粒物质过多造成的。

雾霾是如何形成的？

首先想问您一个问题，您觉得在没有人为干扰的情况下自然界中会产生雾霾这一天气吗？可能您会认为只有人类的活动才会产生雾霾。其实，自然界本身就会形成雾霾，比如火山爆发、地震等自然现象都会导致空气中的颗粒物增多，从而导致雾霾的形成。因此空气中的颗粒物增加是雾霾形成的条件之一。

雾霾的形成还需要稳定的大气环境。观察一下您身边吸烟的人您就会发现，当吸烟者将烟雾吐出来时，您能看到明显的烟雾，但该烟雾通常很快就会消失不见了。是烟雾消失了吗？并不是，是由于空气的运动，将这些烟雾"吹散了"。如果将吸烟吐出的烟雾集中在一个密闭的盒子中，您将会发现盒子中的烟雾将会存在较长的时间。雾霾也不例外，如果该地区大气环境并不稳定，出现强对流天气（如雷暴、大风），那么空气中的颗粒物就会被"吹走"而达不到形成雾霾所需的浓度，雾霾自然就不会形成。

相信您已经了解了雾霾形成的两个要素：一是要有足够的颗粒物，二是要有较为稳定的大气环境。颗粒物的来源很多，但简单来说可以大致分为以下三类（图 2-2）：一是工农业生产，比如化石燃料的燃烧等；二是生活炉灶和采暖锅炉，这是采暖季节大气污染的重要原因之一；三是交通运输，交通运输工具尾气排放是颗粒物的主要来源之一。

那么，稳定的大气环境究竟是如何产生的呢？造成这一现象的原因有很多，其一是受到单一气团的控制。所谓的气团是指气象要素（主要指温度和湿度）水平分

图 2-2　雾霾颗粒物的起源

布比较均匀并具有一定垂直稳定度的较大空气团。因此，由于内部气象要素的原因，如果一地区被单一的气团所控制，那么该地区无论是水平方向还是竖直方向的大气运动均会大幅度的减少。其二是逆温现象的产生。热空气密度低，冷空气密度高，而对流层大气的热量绝大部分直接来自地面辐射，越靠近地面的空气越热，热空气向上，遇冷温度降低，周而复始，从而形成了大气的竖直运动。逆温现象则是指由于地面温度降低较快，地面由热源转变为冷源，靠近地面的空气更冷，大气对流减弱，不易形成大气的竖直运动，也就更为稳定。

雾霾的主要成分是什么？

雾霾的成分既复杂又简单，在前文中我们已经提到了雾霾的主要成分之一颗粒物，除此之外还有二氧化硫、氮氧化物等。

大气中的颗粒物有很多，根据其粒径的大小分为总悬浮颗粒物（total suspended particle，TSP）、可吸入颗粒物（inhalable particle，PM_{10}）、细颗粒物（fine particle，$PM_{2.5}$）和超细颗粒物（ultrafine particle，$PM_{0.1}$）。我们经

常所说的 $PM_{2.5}$ 指的就是细颗粒物，它由氮氧化物、二氧化硫、重金属、有害有机物等成分组成（图 2-3）。由于细颗粒物足够小，所以它在空气中停留的时间可以更长，更容易进入肺内的终末细支气管和肺泡中。同时，$PM_{2.5}$ 也更容易吸附各种有毒有害的重金属和有机物，对我们的身体健康会有极大的危害。

氮氧化物主要指的是二氧化氮和一氧化氮，大气中的氮受雷电或高温的作用，易合成氮氧化物。虽然自然界中自然形成的氮氧化物很多，但是其广泛分布于各层大气，所以大气中氮氧化物的本底浓度（即没有人为活动影响下的浓度）较低。而人为活动产生的氮氧化物主要来源于各种矿物燃料的燃烧、机动车尾气等。二氧化氮是红褐色有

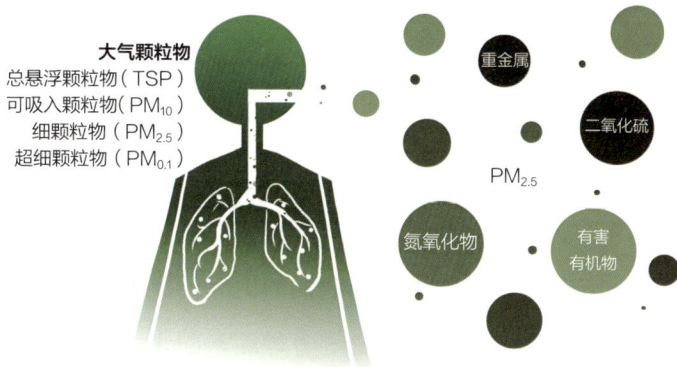

大气颗粒物
总悬浮颗粒物（TSP）
可吸入颗粒物（PM_{10}）
细颗粒物（$PM_{2.5}$）
超细颗粒物（$PM_{0.1}$）

重金属

二氧化硫

$PM_{2.5}$

氮氧化物

有害
有机物

图 2-3　雾霾的主要成分

刺激性气味的气体，其毒性是一氧化氮毒性的四五倍，会对人体的呼吸系统等产生急性或慢性的不良影响。

相较于 $PM_{2.5}$ 与氮氧化物复杂的化学组成来说，二氧化硫则简单得多，但是它对我们身体的影响却一点都不比上述两者小（如第 1 章所述）。二氧化硫主要来源于煤炭的燃烧以及有色金属冶炼等。不过，由于近年来全球采取了一系列有效的控制排放政策和措施以及燃料种类的绿色转型，世界主要城市的二氧化硫水平下降明显。同样，中国主要城市二氧化硫的大气水平也有显著下降。

雾霾最终都去哪里了？

到这里您已经了解了雾霾的一些基本知识了，但是您有没有想过雾霾究竟去了哪里呢？难道是全部被我们人体吸收了吗？很明显，并不是这样的。雾霾的去向主要有三处，分别为自净、转移和形成二次污染或二次污染物（图 2-4）。

就像我们的人体一样，我们的地球同样有自我净化能力，在物理、化学、生物等多种因素的作用下，空气中的雾霾含量会逐渐减少。自净主要依靠扩散和沉降，

图 2-4　雾霾的最终去向

扩散可以将污染物稀释，也可以将该地区的部分污染物转移出去；沉降则是指污染物依靠重力，从空气中逐渐降落到地面或水体，而降雨则会加速这一过程，这也就是为什么当雨过天晴之后我们可以感受到空气质量变好了。

转移则分为水平方向和竖直方向。水平方向的转移是指风可将污染物从上风侧转移至下风侧，这和自净中的扩散有一定的相似之处。而竖直方向的转移则是将对流层中的污染物向更高层大气转移。

雾霾在某些因素的影响下，可以转变为其他的污染物，这种污染物就称为二次污染物，形成的污染则是二次污染。

健康的定义是什么？

在日常生活中我们经常谈论健康，要健康生活、健康饮食等，但是健康究竟是什么呢？根据词典中的解释，健康是指一个人在身体、心理和社会等方面都处于良好的状态（图2-5）。从这个解释中我们可以看出，评价一个人是否健康要从身体、心理与社会三个方面来综合评价，而这三个维度只是对健康进行了粗略的分类。如果再进一步细分的话，健康包括了躯体健康、心理健康、心灵健康、社会健康、智力健康、道德健康、环境健康等一系列的健康。如果在任何一方面出现了问题都不算

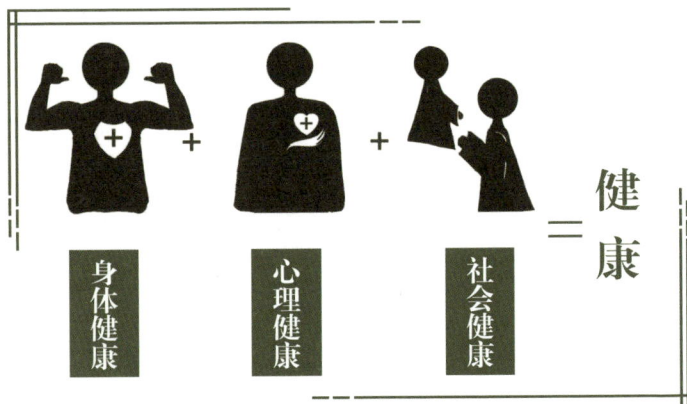

图 2-5 健康的组成成分

是真正的健康。

　　身体与心理的健康较好理解，如果一个人身体感觉到了不适或者心理方面出现了问题，比如萎靡不振或者出现心理疾病，我们自然会认为他出现了较大的健康问题。但是究竟什么是社会维度的健康呢？我们都知道人是社会性动物，一旦离开社会，生存就会变得极为困难，而健康中的社会维度指的就是社会适应性，比如到了一个新的环境中是否能尽快地适应。如果面对新环境产生了不适感，这个时候就要注意社会维度的健康方面有没有问题。

　　身体、心理与社会三个维度的健康并不是彼此孤立的。相反，三者相互联系；身体与心理维度的健康是社会健康的根基，只有身体与心理都是健康的才能保障社会维度的健康。举个例子，某单位入职一名新员工，但是这名新员工有严重的抑郁症，一直无法融入集体并适应单位的环境。心理健康这一根基不牢，自然社会健康也就会出现问题。

不健康就是患有疾病吗？

　　前面我们已经介绍了健康的概念，很显然我们似乎不可能一直保持"健康"的状态，偶尔有个感冒发烧、头疼脑热也是再正常不过了。这个时候我们的机体并不是处于健康状态，而是正在努力地与病原体做斗争，保护我们的机体，这就是我们通常所说的生病，而疾病则是病的总称。可以发现，健康与疾病是对立存在的，疾病就是不健康状态。

但是我们是不是可以说不健康就是疾病？其实不能，因为健康与疾病之间很多情况下并没有明确的分割线，而是存在一个"过渡地带"，这个"过渡地带"就是我们经常所说的"亚健康"。无论是西医还是中医都提出过许多关于亚健康的判断标准。根据中华中医药学会发布的《亚健康中医临床指南》，亚健康是指人体处于健康与疾病之间的一种状态，表现为一定时间内的活力、功能等的降低，比如体力的衰减、记忆力的减退等。

所以不健康并不是直接等于疾病，亚健康状态依然是包括在不健康状态之中的，但是疾病一定是不健康的。我们需要重视亚健康，因为这是机体对我们的一种提醒，需要及时注意甚至治疗。

雾霾能进入我们体内吗？

这个问题其实没有悬念！如果在不做任何防护的情况下，雾霾中的 $PM_{2.5}$ 等污染物或者其化学成分肯定会进入我们的身体！首先这些污染物会通过鼻腔或者口腔进入我们的呼吸道（甚至消化道），再经过呼吸道最终在我们的肺中暂时停留下来，而部分成分甚至会穿过肺的"气血屏障"进入血液循环，随血液分散至全身各处。

但是我们的身体真的那么脆弱吗？雾霾可以"长驱直入"进入我们的身体吗？其实我们的身体真的很厉害，给雾霾设立了道道关卡！首先，鼻腔中有鼻毛可以对吸入的雾霾颗粒起到初步过滤作用。其次，呼吸道上皮细胞表面有纤毛、微绒毛并分泌黏液等，它们共同构成了保护身体的一道天然屏障系统。这些细小的绒毛就好像一把小刷子一样不断地向鼻咽部摆动，将进入体内空气中的颗粒物"刷出"呼吸道，达到净化的效果。此外，我们机体的防御机制不仅仅只是"被动防御"，还有"主动防御"，比如打喷嚏。譬如吸入花粉等异物时会以打喷嚏的形式把吸入的异物驱赶出体外。

那么为什么雾霾还会进入我们的身体呢？原因之一是雾霾中的污染物粒径太小不足以通过上述方式排出。以雾霾中典型的污染物 $PM_{2.5}$ 为例，它的空气动力学直径仅仅只有 2.5μm 或更小，而花粉的直径一般都在几十微米这一量级。所以这些小颗粒物就成了"漏网之鱼"得以侵入体内了。

吸入雾霾会危害健康吗？吸入多久才会对健康造成影响？

雾霾作为"非己"物质，进入人体之后势必会造成一些危害，影响我们的健康。但是，对于吸入多久雾霾才会出现健康损害这一问题并没有确切的答案。我们不妨先来看看与这一问题有关的一些因素。

谈论一个物质是否会对健康造成危害，首先要看这种物质进入机体的量。因而，这一问题与雾霾暴露的浓度以及暴露的时长有关。就好像同一个人饮用度数较高的白酒，可能喝了 50ml 左右就会陷入意识不清的状态，但喝啤酒时却可能喝 2000ml 还没有醉。在面对雾霾时，我们的机体或许也是类似的状态。在严重雾霾环境里，仅仅待上几分钟身体就可能出现急性损伤，而在轻度污染的环境中，暴露几小时甚至更长时间可能也不会构成明显的损害。

除了暴露的时间以及暴露的浓度之外，还与我们机体所处的状态及对暴露的反应性等因素有关。比如，在同样的污染环境下，一个人只是静坐而另外一个人是剧烈运动，显而易见后者对于氧气的需求量大，也就是说会有更多的大气污染物进入他的体内，可能对健康造成更大的损害。

吸入雾霾会让人得病吗?

吸入雾霾会使机体患病！已有很多流行病学及实验室研究支持这一结论。那么雾霾究竟会引起哪些疾病，或和哪些疾病发病相关呢？

雾霾作为吸入型空气污染物，必然会影响我们的呼吸系统。多项研究发现某地区 $PM_{2.5}$ 或 PM_{10} 的浓度与该地区每日呼吸系统疾病的发病呈正相关；并且在雾霾高发期间，门诊患者呼吸系统症状主诉有显著的上升。由于雾霾中小的颗粒会在肺泡沉积，激活肺部免疫系统，因而可以诱发或者加重肺部的感染、增加呼吸道感染的概率。

　　除此之外，长时间雾霾暴露还会引起心血管系统、神经系统、生殖系统等多个系统的损伤或造成代谢性疾病（图2-7）。因为雾霾直接与呼吸系统接触，雾霾引起呼吸系统疾病我们尚能较好理解，但为什么雾霾会引起其他系统的疾病呢？究竟如何预防雾霾之疾呢？这些将在后续的章节中逐一进行讲解。

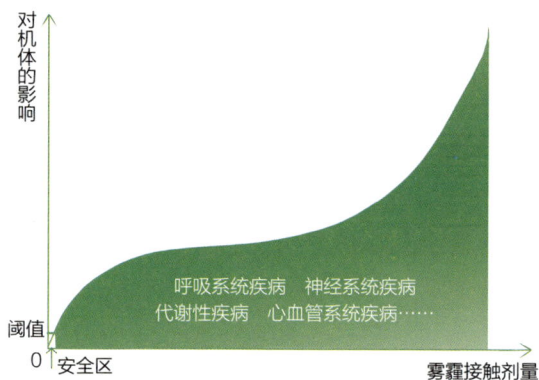

图2-7　雾霾接触剂量与疾病

（孙庆华）

雾霾与疾病

第3章　霾之痛：雾霾与呼吸系统疾病

什么是呼吸系统疾病？

呼吸系统疾病这个名词并不陌生，它是常见多发病，主要发生在支气管、气管、肺部和胸腔。在人体各系统中，呼吸系统通过呼吸与外界环境持续接触，并且肺泡数量多，总面积高达 $60\sim100m^2$。因而，肺脏是最容易受空气污染物侵袭的器官。随着现代社会工业化进程加快，大气环境问题日益加重，呼吸系统疾病如肺癌、支气管哮喘、慢性阻塞性肺疾病的发病率明显增加，已经严重威胁着人类健康。

呼吸系统疾病有五大症状（图3-1）：其一是咳嗽，急发性干咳常由上呼吸道炎症引起，若伴有发热、声嘶则常提示急性病毒性咽炎、喉炎、气管炎、支气管炎。其二是咳痰，慢性支气管炎咳白色泡沫或黏液痰，支气

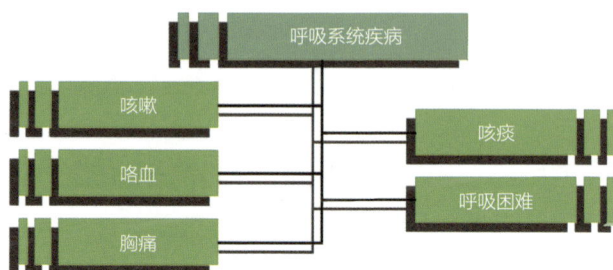

图 3-1　呼吸系统疾病五大症状

管扩张、肺脓肿时的痰呈黄色脓性，且量多，伴厌氧菌感染时，咳出的脓痰伴有恶臭。其三是咯血，也就是我们常在影视剧中见过的痰中带鲜血的现象。其四是呼吸困难，又可分为急性、慢性和反复发作性，患者出现肺功能下降，甚至导致呼吸衰竭的发生。最后是胸痛，由于肺和脏胸膜对痛觉不敏感，一般为隐痛，情况严重时出现刀割样痛。

雾霾能进入呼吸系统吗？

雾霾很容易进入呼吸系统。雾霾主要包含二氧化硫（SO_2）、氮氧化物（NO_x）和颗粒物（PM）。其中 SO_2 和 NO_x 是气态污染物，可以直接吸入。PM 作为一种固态污染物，是许多环境有机物和重金属的载体，还是导致雾霾形成的重要物理基础。空气中的 PM 会随着人的呼吸作用进入呼吸道。但是，其中粒径 10μm 以上的颗粒物会被鼻腔阻留在体外，10μm 以下的 PM 才会进入人体（图 3-2）。

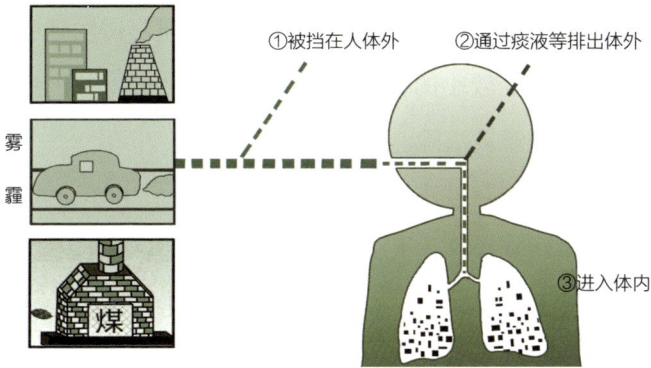

①被挡在人体外　②通过痰液等排出体外

雾霾

③进入体内

图 3-2　雾霾进入呼吸系统的方式

雾霾进入呼吸系统后去了哪里？

雾霾进入呼吸系统后可通过痰液排出一部分，也有一部分会沉积在呼吸道或肺部，甚至进入血液循环。

人体呼吸道内表面均附着假复层纤毛柱状上皮细

胞，这些细胞可以分泌黏液保持呼吸道表面湿润，其表面还附有能摆动的纤毛。当雾霾被人体吸入后，粒径较大的颗粒物首先会被黏膜表面的黏液吸附，再经纤毛运动和咳嗽排出体外。值得注意的是，人体呼吸系统的清洁能力是有限的，不能完全清除吸入的雾霾。并且，雾霾大量或频繁吸入会导致支气管表面的假复层纤毛柱状上皮细胞受损，呼吸系统的清洁能力受损，诱发呼吸系统疾病。粒径较小的颗粒物则会随着呼吸进入并沉积在肺泡内，很难被清除。

此外，粒径较小的颗粒物如细颗粒物（$PM_{2.5}$）可通过呼吸系统直接进入人体血液，到达全身各个组织器官，产生直接和间接危害。例如，直接作用于人体的心、脑血管，可引起血管收缩、内皮损伤、血栓形成，从而容易诱发心绞痛、心肌梗死、心力衰竭等心血管疾病。

雾霾会对呼吸系统产生哪些不利影响？

雾霾已被证明是引起呼吸系统疾病的重要元凶。其中，雾霾中的气态污染物吸入会产生典型的呼吸道刺激作用，或引起过敏反应。其中如 SO_2、NO_x 等有害物质还会加剧呼吸道炎症、支气管哮喘并引起肺功能下降。

雾霾中持续漂浮的大量颗粒物（其中，$PM_{2.5}$ 量最多），无法完全降解。在雾霾环境中停留时，颗粒物的吸入无法避免。空气动力学直径较小的颗粒物能够经鼻腔进入气管、支气管，甚至进入肺部并沉积（如 $PM_{2.5}$），因而由颗粒物引起的健康危害非常广泛。长期吸入 $PM_{2.5}$ 会引起包括哮喘、慢性阻塞性肺疾病，甚至肺癌在内的多种呼吸系统疾病。临床也发现，$PM_{2.5}$ 浓度高的雾霾天，医院里呼吸系统疾病的入院率明显增加。

此外，雾霾还可能会加剧呼吸道传染病的流行，导致包括甲型禽流感（H_7N_9）在内的急性传染性疾病的发病率增加。并且，随着新冠疫情的暴发，有学者发现新型冠状病毒也会通过气溶胶（颗粒物）传播。

雾霾对呼吸系统的损伤能够自愈吗？

一般来讲，急性损伤自愈的可能性大，慢性损伤的危害是持久存在的。雾霾对人体健康的危害分为急性危害和慢性危害。

敏感人群急性接触到雾霾中的有害成分后，可能会很快出现咳嗽、咳痰等急性症状，甚至也有人会表现出更强烈的不适反应，如出现胸闷、气短。不过以上这种身体不适反应通常是短暂的，在停止接触后会消失。

但是，长期吸入雾霾对健康的损害则不可逆转。PM_{10}吸入后会滞留在支气管中，反复接触会引起明显的蓄积作用，并可通过诱发炎症反应引起各种类型的病变。$PM_{2.5}$则可在肺泡长期沉积，对肺的形态和功能都会产生持久性损害，甚至引发癌症。

接触雾霾为什么会对呼吸系统产生危害？

雾霾之所以能对呼吸系统产生危害，起重要作用的是成分。雾霾的成分非常复杂，由于雾霾中颗粒物以外的有毒有害物质总体浓度较低，大多对人体只有一过性的刺激作用，因而针对雾霾所引起呼吸系统损害的认知以颗粒物为主。

雾霾天气压低、空气流通差、颗粒物浓度增高。首先，$PM_{2.5}$在颗粒物中数量多，粒径又小，容易进入下呼吸道并在肺泡沉积，本身就很容易通过直接作用或间接作用损伤呼吸系统。其次，$PM_{2.5}$吸附了铅、砷、铬等重金属物质或痕量元素，硫酸（盐）、硝酸（盐）等离子成分，多环芳烃、烷烃等有机成分，病毒、细菌等致病生物（图 3-3）。上述有害物质会随着呼吸作用进入呼吸道，刺激鼻黏膜、支气管黏膜等敏感部位，或被直接吸入肺部，刺激和腐蚀"肺泡壁"。长期接触会影响呼吸道上皮细胞功能，破坏呼吸系统的防御功能，对呼吸系统产生多重危害。

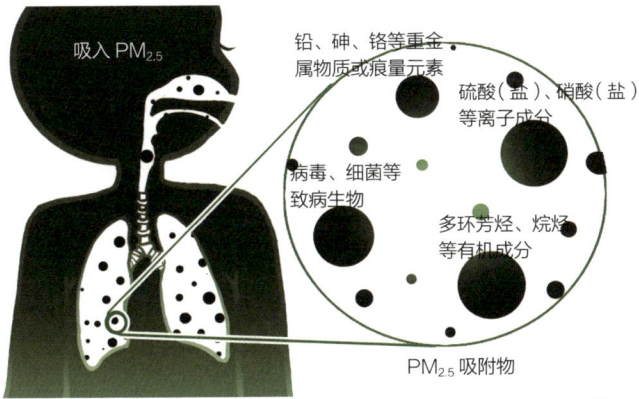

图 3-3　雾霾中 $PM_{2.5}$ 的吸附物

接触雾霾后，呼吸系统的损伤是如何产生的？

雾霾吸入可引起这么多呼吸系统疾病，那么，雾霾是怎么产生这些危害的呢？更好地了解雾霾吸入性损伤的病理过程有助于雾霾的精准防治。目前，雾霾造成呼吸系统损伤的机制主要包括：直接致病作用、原发性和继发性炎症反应、氧化应激致病作用和免疫损伤作用等。

(1) 直接致病作用：呼吸道黏膜是人体与外界气体进行交换的第一道屏障，是第一个接触到雾霾中有害物质的先锋。空气中的颗粒物，尤其是 $PM_{2.5}$，进入呼吸道后可直接与之接触，引起气道黏膜损伤，或入肺进入肺泡吸附在肺泡壁上，直接损害呼吸道黏膜和肺组织的防御功能。

(2) 原发性和继发性炎症反应：滞留在呼吸系统中的雾霾颗粒物（如 $PM_{2.5}$）通常引起局部炎症反应和细胞损伤。一方面，可刺激上皮细胞和巨噬细胞释放炎症介质和趋化因子，在局部产生炎症因子。另一方面，由细胞释放的介质会进入血液系统引起继发性炎症反应，加剧肺部的损伤。

(3) 氧化应激致病作用：目前，"氧化应激假说"被认为是空气颗粒物引起人体健康损害的主要机制。吸附有各种毒性物质的 $PM_{2.5}$ 作用于呼吸系统中的上皮细胞等部位，刺激细胞产生活性氧。活性氧可引起包括呼吸系统在内的器官组织脂质过氧化、核酸和蛋白质氧化并抑制 DNA 复制。

(4) 免疫损伤作用：黏膜纤毛系统作为防御雾霾中颗粒物和病原微生物的第一道防线，其黏液层可分泌具有免疫杀菌作用的免疫球蛋白 IgA。而研究发现雾霾中 $PM_{2.5}$ 引起的呼吸道炎症和氧化应激对黏膜纤毛系统有损害作用，结果使呼吸道和肺组织杀菌和清除异物的能力降低。此外，雾霾中的 $PM_{2.5}$ 可造成巨噬细胞和多形核细胞的吞噬功能受损，破坏人体免疫系统的平衡。

哪些人在雾霾天特别需要做好防护？

当出现雾霾天气的时候，污染物会对人体呼吸系统造成影响，而且随着污染程度的不同，影响的人群范围和影响程度也不一样。以下四类人群是易感人群（图 3-4），雾霾天气尤其要注意防护。

(1) 抵抗力弱的儿童：儿童免疫系统尚未发育完全，因此对雾霾中有害物质的抵抗力相对较弱。雾霾中的有害物质很容易随呼吸作用进入儿童的支气管、细支气管，

图 3-4　雾霾易感人群

或最终滞留于肺泡中，引起支气管炎、肺炎，诱发哮喘（详见第 10 章）。

(2) 老年人：雾霾天气增加了急性呼吸道感染的概率，而老年人体质较弱，免疫功能下降，所患慢性基础性疾病较多，是雾霾致呼吸系统疾病的易感人群。

(3) 易过敏人群：对于易过敏人群，雾霾中所含刺激性成分或过敏原性成分很容易刺激眼、鼻、喉，引起流眼泪、流鼻涕、打喷嚏、过敏性鼻炎，喉咙干燥、喉咙发痒、喉咙疼痛或喉咙不舒服等急性症状。

(4) 呼吸系统疾病患者：已有呼吸系统疾病患者的呼吸道和肺脏本身就比较脆弱，雾霾侵袭，无异于雪上加霜。雾霾的成分非常复杂，包括无机成分（如铵盐、硝酸盐等）、含碳颗粒、重金属；有机成分（氮、碳、硫的有机物；多环芳烃类）和微生物（细菌、真菌和病毒等）等。多数有害物质能够吸附到 $PM_{2.5}$ 中，直接进入并滞留在人体呼吸道和肺泡，加重已有的呼吸系统疾病。

为什么儿童呼吸系统易受雾霾天气影响？

儿童是雾霾暴露的敏感人群，很容易受到空气中悬浮颗粒物的影响。一项研究表明，雾霾发生当天至之后 3 天，低年级学生呼吸系统急性症状报告率均显著高于高年级学生。

原因可能是以下几个：①从生理结构上看，儿童呼吸道非常脆弱，婴幼儿还没有鼻毛、鼻腔比成人短，少了重要的过滤屏障。由于直通气道使气流畅通无阻，雾霾中的有害物质极易进入儿童的呼吸系统，出现咳嗽、咳痰、咽炎、呼吸不畅等症状，严重可诱发急性鼻炎、支气管炎、急性肺炎等疾病。②虽然儿童的单代谢率相对比成年人来说稍高，但肺泡的表面积较小，因此相同雾霾条件下，儿童吸入雾霾后引起的身体负荷要重一些。③儿童的气道本身就狭窄，雾霾可进一步导致儿童出现气道刺激性收缩，容易引起儿童呼吸困难。④紫外线能够抑制空气中部分有害微生物，而雾霾天气大大降低了紫外线的强度，无形增加了空气中所带病菌的活性，可能会影响儿童呼吸系统的发育。因此，雾霾天气是儿童呼吸系统疾病急性发作或加重的重要诱因。

为什么老年人呼吸系统易受雾霾天气影响？

老年人遇到雾霾，很容易出现呼吸道问题，轻者出现喉咙发痒、咳嗽等症状，易患咽炎、过敏性鼻炎；重者易患支气管炎、肺炎、肺气肿、哮喘，更重者可因呼吸困难引起呼吸衰竭。总的来说，老年人抵抗力差、防护意识弱，因此成为雾霾的首要"攻击对象"。

具体原因如下：①老年人肺的弹性减退，呼吸肌收缩减弱，肺活量减少，每次呼气后肺内残留的气体增多，雾霾中含有的各种有害物质易引起老年人哮喘、肺炎和肺气肿。②老年人咳嗽的力度较小，呼吸道的分泌物和尘埃不易咳出，滞留于气道内的分泌物成为细菌生长的培养基，促进病菌生长，从而埋下了呼吸系统健康隐患。③老年人的器官功能退化，清除雾霾中 $PM_{2.5}$ 的能力降低，因而容易波及心肺出现胸痛、胸闷、气急、头晕等心肺系统症状。④老年人多患有心脏病、肺部疾病或者糖尿病等基础疾病，身体更为"脆弱"。空气中的 $PM_{2.5}$ 会导致这些慢性疾病的进展加快，或急性发作。

哪些因素会影响雾霾引起的呼吸系统损伤？

雾霾天气在中国大中型城市的频繁出现会影响中国居民整体健康水平，雾霾本身的严重程度、雾霾发生时的气象条件和人体的健康水平和防护条件是影响雾霾引起人体呼吸系统损伤的主要因素。

(1) 雾霾本身的严重程度：根据《环境空气质量标准》（GB 3095－2012）和各项污染物的生态环境效应及其对人体健康的影响，将环境空气质量指数的数值划分为六挡（一级：空气污染指数≤50，优级；二级：空气污染指数≤100，良好；三级：空气污染指数≤150，轻度污染；四级：空气污染指数≤200，中度污染；五级：空气污染指数≤300，重度污染；六级：空气污染指数＞300，严重污染），对应了空气污染指数的六个级别。指数越大、级别越高，说明污染的情况越严重，空气中所含有的污染物成分越多，所引起的呼吸系统损害也相应越严重。

(2) 雾霾发生时的气象条件：气象条件不仅会影响雾霾天气的形成和持续时间，还会直接产生呼吸道效应。例如相对湿度较大的雾霾天气可能会加剧哮喘等呼吸道疾病的严重程度。

(3) 人体的健康水平和防护条件：患原发性疾病和免疫力低下的易感人群更容易受到雾霾中有毒物质的影响，同时采用合理的防护措施能够有效避免雾霾引起的呼吸道疾病（详见第 11 章）。

不同雾霾粒径对呼吸系统疾病的影响是否不同？

是的。雾霾中的颗粒物按粒径可分为总悬浮颗粒物、可吸入颗粒物、细颗粒物、超细颗粒物等。其中总悬浮颗粒物的粒径≤100μm，可吸入颗粒粒径≤10μm（PM_{10}），细颗粒物粒径≤2.5μm（$PM_{2.5}$），超细颗粒物粒径≤0.1μm（$PM_{0.1}$）。通常来讲，大于 10μm 的颗粒物会被阻留在鼻腔或口咽部以外，5～10μm 的颗粒物往往停留在上呼吸道和气管，0.01～5μm 之间的颗粒物最容易进入下呼吸道并沉积。颗粒物粒径越小，对应的数量浓度越高，总表面积越大，越容易吸附空气中和地表的重金属和有机物，相对更容易损害呼吸系统。所以，$PM_{2.5}$ 或 $PM_{0.1}$ 可能是损伤呼吸系统以及全身健康的"罪魁祸首"（图 3-5）。

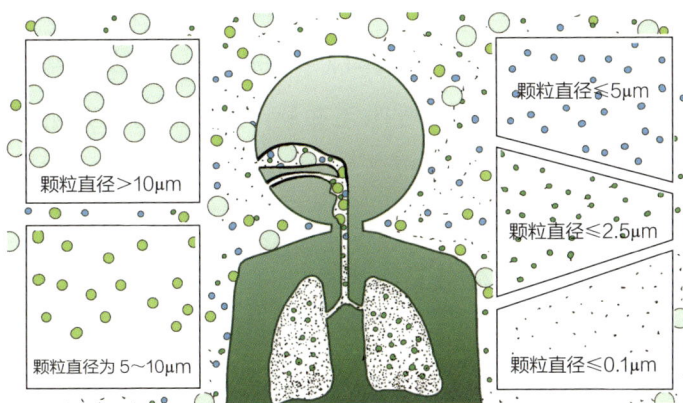

颗粒直径>10μm

颗粒直径为5～10μm

颗粒直径≤5μm

颗粒直径≤2.5μm

颗粒直径≤0.1μm

图 3-5　雾霾粒径对呼吸系统的影响

不同雾霾成分对呼吸系统的影响是否不同？

是的。雾霾中颗粒物、二氧化硫、氮氧化物是引起呼吸系统疾病的特征成分，其作用部位和产生的危害也各不相同。

（1）颗粒物对呼吸系统的影响：颗粒物危害对呼吸系统的危害作用与颗粒物的粒径、组分和浓度密切相关。颗粒物不仅直接引起呼吸道黏膜的物理损伤，根据其化学成分的不同，还会对呼吸系统造成不同程度的损害，导致慢性支气管炎、肺癌等呼吸系统疾病。其中，颗粒物的粒径、组分和浓度都是决定损害程度的重要因素。

（2）SO_2 对呼吸系统的影响：SO_2 在水中的溶解度相对较大，可沉积在呼吸道黏膜，造成上呼吸道的局部炎症，而 SO_2 本身也是一种过敏原，可诱发支气管哮喘等。

（3）NO_2 对呼吸系统的影响：NO_2 水溶性较差，容易随着呼吸沉积在深部细支气管和肺泡。可诱发肺炎、肺水肿和慢性阻塞性肺病等肺部疾病。

雾霾天气应该禁止开窗吗？

不应该。空气流通情况下，房间里不容易滋生细菌、病毒、霉菌。因此，即使是雾霾天也需要短暂开窗通风，但应该减少通风时间。如果室外空气污染不是很严重，建议每天开窗通风两次，每次 20 分钟，但尽量避开早晚高峰，且避开大风扬尘天气开窗。从自然规律来看，不管冬天还是夏天，早晨室外的空气都比较湿润，氧气含量比室内高得多，所以尽管室外空气有一定污染，早晨也需要一定时间的开窗时间。若遇到连续污染天，通风换气时可在纱窗附近挂上湿毛巾，这样能够起到过滤、吸附作用。

（段军超）

第4章 霾之险：雾霾与心血管疾病

什么是心血管疾病，临床表现有哪些？

心血管疾病是心脏血管和周围血管疾病的统称，是指由于高血脂、血液黏稠、动脉粥样硬化、高血压等所导致的心脏和周围血管发生的缺血或出血性疾病（图4-1）。心血管疾病素来被称为人类健康的"无声凶煞"，我国患病人数高达 3.3 亿，是导致国人死亡的主要原因。常见的临床表现有发绀、呼吸困难、胸痛、心悸、水肿、晕厥，其他症状还包括咳嗽、头痛、头晕或眩晕、上腹

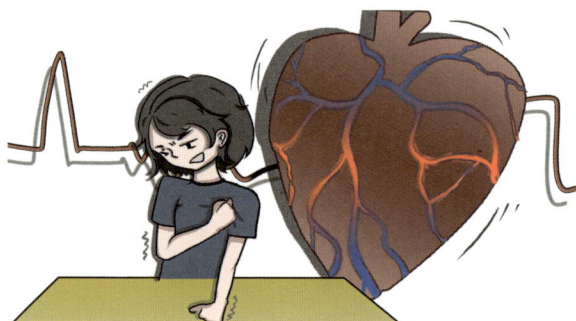

图 4-1 心血管疾病

胀痛、恶心、呕吐、声音嘶哑等。

影响心血管疾病发生发展的危险因素有哪些？

影响心血管疾病的因素有很多，目前已知主要危险因素可分为四大类，分别是疾病因素、生活因素、大气污染和其他因素（图 4-2）。

(1) 疾病因素：①高血压。长期患高血压会使动脉血管壁增厚变硬，管腔变窄，从而影响心脏的供血。据中国心血管疾病政策模型预测，在 2015—2025 年期间，对 35—84 岁的 1 级和 2 级高血压患者进行治疗，每年可以避免约 80.3 万例心脑血管事件（脑卒中 69.0 万例，

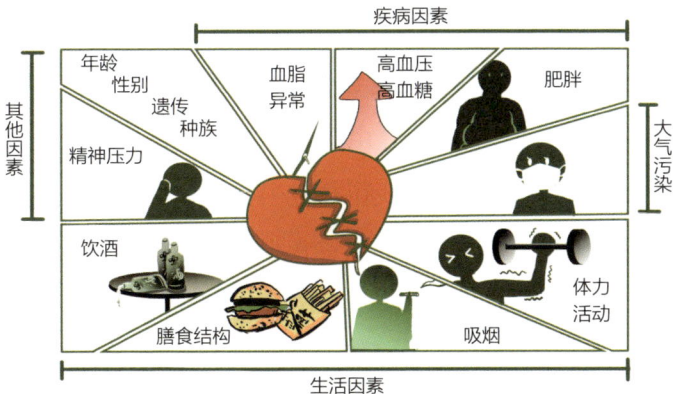

图 4-2 心血管疾病的危险因素

心肌梗死 11.3 万例）的发生。②血脂异常。当人体发生脂类代谢紊乱时，血液中的胆固醇、甘油三酯和磷脂等会促使动脉血管形成粥样硬化斑块，降低血管弹性，导致血压升高，从而引发心血管疾病。一项研究预测，在2016—2030 年期间开展降脂治疗，可以避免约 972 万例急性心肌梗死和约 782 万例脑卒中的发生，还可以避免约 336 万心血管疾病患者死亡。③糖尿病。随着糖尿病病情的发展，会出现各种心血管并发症，比如冠状动脉粥样硬化和下肢动脉粥样硬化斑块形成等。有研究发现，如果我国 35 岁以上成年人的空腹血糖可以控制在5.6mmol/L 以下，心血管疾病发病率就能减少 8.0%。④肥胖。肥胖是指体内脂肪堆积过多、脂肪分布异常、体重增加，是遗传、环境等多种因素相互作用引起的慢性代谢性疾病，与高血压、血脂异常、糖尿病、冠心病、脑卒中和肿瘤等疾病密切相关。《中国居民营养与慢性病状况报告（2020 年）》指出，我国超过半数成年居民存在超重或肥胖现象，6—17 岁的儿童青少年超重肥胖率达到了19%，6 岁以下的儿童达到了 10%。

(2) 生活因素：①膳食结构。不按时吃饭、蔬菜水果摄入量不足、吃饭偏咸和暴饮暴食等不良饮食习惯，都

会导致高血压、冠心病及其他心血管疾病的发生。随着
我国人口老龄化的加剧，不良饮食习惯所导致的心血管
代谢性疾病的死亡人数已从 1982 年的 107 万增加到了
2010—2012 年的 151 万。②体力活动。缺乏体力活动是
高血压、糖尿病和肥胖等多种慢性疾病的重要危险因素。
有研究发现，我国居民总活动量与心血管疾病死亡风险
呈明显负相关，活动量每增加 4 MET·h/d（约每天快走
1h），心血管疾病的死亡风险可以降低 12%。③吸烟。烟
碱会增加血浆中肾上腺素的含量，促使血小板聚集和内
皮细胞收缩，从而引起血液黏滞。对吸烟和 36 种心血
管疾病亚型的风险进行评估后发现，29 种心血管疾病亚
型的发生率在吸烟者中显著增加，心血管疾病的发病风
险随吸烟强度的增加而增加。④饮酒。长期大量饮酒会
使血液中的血小板增加，导致凝血 / 纤溶功能调节不良、
心律失常、高血压等，进而诱发心血管疾病。我国对约
50 万成年人进行了 10 年的随访，发现适量饮酒对心血
管健康不仅没有保护作用，反而随着酒精摄入量的增加，
血压升高及脑卒中的风险随之增加。

(3) 大气污染：大气污染对心血管疾病的影响是近年
来才被发现的。环境和室内污染物的排放都是大气污染

的重要来源。2019 年全球疾病负担研究显示，空气污染
（包括 $PM_{2.5}$ 污染和使用固体燃料烹饪造成的家庭空气污
染）已成为全球第四大死亡危险因素。2019 年，我国
20.02% 的心血管疾病死亡是由 $PM_{2.5}$ 污染造成的。

(4) 其他因素：《中国心血管健康与疾病报告 2020》
在概要中指出，2018 年，在城市和农村地区，我国男性
冠心病的死亡率均高于女性。随着年龄增长，心血管疾
病发病率会越来越高。此外，遗传、种族、精神压力等
也是与心血管疾病相关的危险因素。

雾霾会影响哪些心血管疾病的发生与发展？

雾霾天气是一种严重的大气污染状态，$PM_{2.5}$ 是其主
要成分之一。相关研究显示，$PM_{2.5}$ 浓度每升高 $10\mu g/m^3$，
因心力衰竭住院或死亡的风险会增加 2.12%，心房颤动的
发生风险会增加 17.9%；美国队列研究发现，$PM_{2.5}$ 浓度
每升高 $12.5\mu g/m^3$，颈动脉内膜中层厚度会增加 1%～4%，
这是动脉粥样硬化最早期的病理学改变。我国研究也显
示，$PM_{2.5}$ 浓度每升高 $10\mu g/m^3$，冠心病的发病风险会增
加 43%。因此，雾霾天气与心力衰竭、心律失常、动脉

粥样硬化和冠心病等多种心血管疾病的发生发展有关。

雾霾如何导致心血管疾病发病？

我们已经知道，雾霾其实是一种混合物，是"雾"和"霾"的组合词。雾主要是由大量悬浮在近地面空气中的微小水滴或冰晶组成，而霾则指原因不明的大量烟、尘等微粒悬浮而形成的浑浊现象。尽管它们诱发心血管疾病的发病机制尚未探明，但目前已经提出了三个主要假设：雾霾颗粒可以通过呼吸道进入肺部后诱发肺部炎症反应，导致炎症和氧化应激的介质释放到血液循环中，进而引起心血管损伤；小的雾霾颗粒可以通过颗粒物移位造成直接心血管效应；雾霾颗粒可以通过自主调节功能调节交感和副交感神经，而交感和副交感神经均可调节心脏和血管组织细胞，调节心搏节律和血压。

通过肺部炎症反应、颗粒物移位和自主调节功能，吸入肺部系统的雾霾颗粒可以引发远期心血管效应，具体表现为血小板反应活性增加、白细胞活化、纤维蛋白原释放、内皮功能障碍，从而导致心律失常及血栓形成等。而血栓形成是动脉粥样硬化、冠心病和脑卒中等一系列心血管疾病最常见的潜在病理因素。雾霾颗粒还会对止血产生不利影响，将循环平衡转变为促凝血和抗纤维蛋白溶解状态，进而导致心血管疾病发病。

此外，8- 羟基 -2′- 脱氧鸟苷是一种稳定可靠的氧化性 DNA 损伤生物标志物，在长期暴露于柴油机尾气颗粒的交警等职业人群中已经观察到 8- 羟基 -2′- 脱氧鸟苷、氧化低密度脂蛋白、炎症标志物（白细胞介素 -1、白细胞介素 -6、肿瘤坏死因子 -α、C 反应蛋白）和纤维蛋白原的浓度升高，这些都与心血管疾病的高发生率有关。

雾霾暴露时间和浓度与心血管疾病有关吗？

有研究表明，短期雾霾颗粒暴露能够引发并增加冠状动脉综合征的急性发病风险，而长期暴露可引起缺血性心脏病死亡风险增加。长期暴露于雾霾颗粒还会导致冠状动脉钙化评分增加，促进过早的动脉粥样硬化。也就是说一个人在雾霾天气中暴露 2 天和暴露 2 个月的患病风险是不一样的。同样，一个人暴露于 $20\mu g/m^3$ 和 $200\mu g/m^3$ 的雾霾天气中，后者发生脑卒中的风险会更大。换言之，雾霾暴露浓度越高，心血管疾病的发病风险也随之增加。

雾霾对心血管疾病的影响男女有别吗？

　　基于已有研究证据，雾霾对心血管疾病的影响是有性别差异的。在大样本人群队列研究中，女性患者与雾霾颗粒相关的心血管疾病的风险更高。长期暴露于雾霾环境中，雾霾中的细颗粒物 $PM_{2.5}$ 每增加 $10\mu g/m^3$，女性患缺血性心脏病的风险会相应增加 5%。这可能是因为在均匀呼吸时，颗粒物更容易在女性肺部沉积，从而导致更严重的健康损害。在个体暴露和生物标志物方面的研究表明，雾霾颗粒物暴露导致女性的氧化应激和炎症反应更为明显，这可能也是造成两者差异的一个原因。

若机体患有其他疾病，雾霾对心血管疾病的影响会加重吗？

　　会加重。如果个体本身已存在某些基础性疾病，那么短期或长期暴露于雾霾均会导致更严重的不良心血管疾病结局。高血压是心血管疾病发生的危险因素，有研究显示，服用他汀类药物的患者最容易受到 $PM_{2.5}$ 的影响而引发动脉粥样硬化。高血压患者长期暴露于污染环境后，其冠状动脉壁上的钙含量显著增多，更可能诱发冠状动脉阻塞。

糖尿病也是心血管疾病的高危因素。据报道，糖尿病患者因雾霾暴露而发生心血管不良事件的风险最高。与非糖尿病患者相比，糖尿病患者由于 $PM_{2.5}$ 和 PM_{10} 急性暴露所致心肌梗死发病的风险更高，更容易因暴露于污染的空气而发生缺血性脑卒中（OR=2.03，当 OR＞1 时，提示暴露使疾病的危险度增高，是疾病的危险因素）。

因此，自身患有糖尿病和高血压的个体在雾霾天气更应该注意自我防护，尽量减少外出或出行时戴好口罩，减少雾霾暴露。

全球老龄化越来越严重，雾霾对老年群体心血管疾病的影响会更大吗？

会。研究证据表明，雾霾暴露与心血管疾病住院率的相关性在老年人群中更为明显（图4-3），而且雾霾暴露时间越长，老年心血管病患者的住院时间随之延长，其住院费用也会相应增加，住院后出现功能下降、失能，甚至死亡的比例显著升高。美国一项研究表明，短期 $PM_{2.5}$ 暴露每增加 $1\mu g/m^3$，每年会增加 20 098 人相关住院天数和 6900 万美元住院及后期护理费用，造成巨大的医疗负担。有效治理雾霾、降低颗粒物污染不仅可以降低心血管疾病发展的风险，还可以降低老人的住院时间和医疗费用，对于更好实现医疗资源分配与利用具有重要意义。

雾霾

心血管疾病

图 4-3　雾霾与心血管疾病

子代心血管疾病发病和母亲孕期雾霾暴露有关吗？

有关。对于孕妇来说，孕期暴露于雾霾环境可能会对其子代心血管健康产生负面影响（图 4-4）。我国一项研究共纳入了南方 21 个城市 13 478 名儿童，根据居住地址进行雾霾暴露估算，并评估其母亲在孕期暴露于雾霾颗粒对子代的影响。结果显示，母亲孕期暴露于高水平的雾霾颗粒物会增加子代患冠心病的风险；孕早期是胎儿发育的关键时期，相较于孕中期和孕晚期，孕早期暴露于高浓度雾霾对子代产生的危害更大。这可能是因为母体暴露于颗粒物会增加血液黏度，导致血管内皮功能受损，并导致胎盘出现炎症反应，影响胎盘功能，从而引起子代心血管损伤。此外，也有证据表明，暴露于雾霾颗粒物会导致表观遗传改变和基因表达变化，这些变化与冠心病的发生发展密切相关。因此，为了后代健康，孕妇在雾霾天气中减少出门或出门佩戴口罩无疑是明智之举。

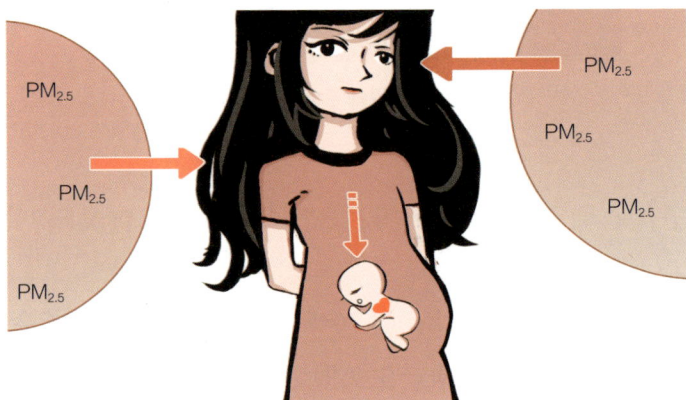

图 4-4　孕期雾霾暴露对子代的影响

听说鱼油是好东西，可以降低雾霾对心血管系统的危害吗？

鱼油 ω-3 多不饱和脂肪酸的膳食来源，具有抗心律失常、抗炎、调节血脂等作用。已有研究发现鱼油摄入的确能够缓解由于 $PM_{2.5}$ 的暴露而导致的心率变异性增高；通过膳食补充 ω-3 多不饱和脂肪酸也会缓解 $PM_{2.5}$ 暴露对心血管的不利影响。理论上讲，在空气污染相对严重的地区生活的人及多不饱和脂肪酸摄入不足的人，日常补充鱼油或 ω-3 多不饱和脂肪酸可能是保护心血管免受环境 $PM_{2.5}$ 有害暴露的一种简单而有效的方法。但是，目前尚无大规模人群研究证实这一观点，对此依然要持谨慎态度。

心血管疾病病友在雾霾发生时是否应该取消锻炼呢？

在雾霾比较严重的天气，建议大家尽量减少户外锻炼。原因如下。

首先，雾霾天空气中颗粒物浓度增加，颗粒物中含有大量的有毒有害物质，如重金属、病原微生物等。当污染物随着呼吸进入人体血液后，容易对血管内皮造成慢性伤害，长时间会导致血管内皮增厚、血管腔狭窄、血压升高，影响心脏和大脑的供血，出现气短、胸闷、发慌等症状，更容易引发血栓等心血管疾病。

其次，在锻炼过程中，随着呼吸速率的增加，也会使更多的颗粒物进入机体而促发上述病症。

此外，一般雾霾天气空气湿度大，气温较低，潮湿寒冷的空气被吸入到温暖的体内，本身就很容易引起血管痉挛，血管痉挛会使血管腔变狭窄，血流量减少，同时血管痉挛还会使血管内压力升高，流速加快，导致已有斑块破裂而引发心血管疾病。

因此，在我国北方，如华北、东北地区，冬季气温较低，雾霾严重且持续时间较长，这种气象条件下不推荐进行室外体育锻炼，可选择室内锻炼或气象条件相对较好的时间段进行锻炼。

（赵金镯）

第5章 霾之阻：雾霾与代谢性疾病

什么是代谢性疾病？主要症状有哪些？

代谢性疾病不是一种特定的疾病，而是一系列因代谢问题引起疾病的总称。常见的代谢性疾病包括糖代谢异常（糖尿病、低血糖）、脂代谢异常（肥胖、高血脂、脂肪性肝病）、嘌呤代谢异常（高尿酸血症、痛风）、骨代谢异常（骨质疏松症）、维生素 D 缺乏症等，是一组由遗传和环境因素相互作用引起代谢紊乱导致的临床疾病（图5-1）。

以下主要介绍雾霾对常见代谢性疾病（糖尿病、肥胖、脂肪性肝病和骨质疏松）的影响。

代谢性疾病的发病现状如何？

随着社会的快速发展及生活方式的改变，代谢性疾病的发病率不断增加，已成为影响全球经济社会发展的重大公共卫生问题。

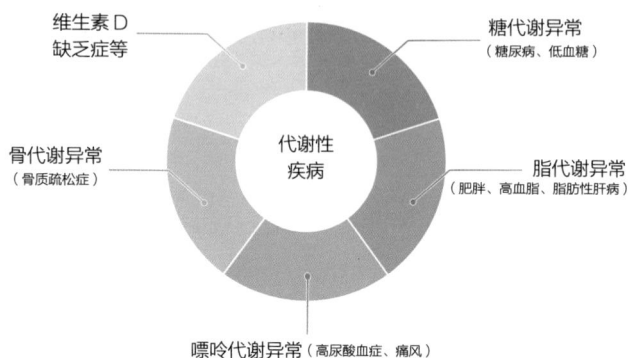

图 5-1　常见代谢性疾病

（1）糖尿病：2021 年中国糖尿病患者人数达 1.4 亿，占全国人口总数的 10.6%；总人数位列全球第一，占全球糖尿病患者总人数的 26.2%。高空腹血糖是糖尿病的主要症状，在 2019 年引起全球疾病负担诸因素中位居第五位。

（2）肥胖：2020 年中国肥胖症患病人数达 2.20 亿，占全国人口总数的 18.15%，高于全球肥胖患病率（15.62%）。体重指数在 2019 年引起全球疾病负担诸因素中位居第七位。

（3）脂肪肝及血脂异常：全球范围内，成人脂肪肝发病率约为 25%，我国略高，为 25%～30%；全球高脂血症发病率高达 40%，发病年龄呈年轻化趋势。根据《中国心血管健康与疾病报告 2019》，截至 2012 年，我国 ≥

18 岁人群血脂异常患病率高达 40.4%，包括高甘油三酯血症（13.1%）、高胆固醇血症（4.9%）及低高密度脂蛋白胆固醇血症（33.9%）。其中，低密度脂蛋白在 2019 年引起全球疾病负担诸因素中位居第六位。

（4）骨质疏松：全世界骨质疏松症患者高达 2 亿；50 岁以上的人群中，女性患病率为 33%，男性约为 20%；我国约有 8800 万骨质疏松患者，每两个老年人中就有一人患此病，中老年女性骨质疏松问题尤为严重。骨质疏松症是我国面临的重要公共健康问题，已跃居中国最常见慢性疾病的第四位。

总之，代谢异常不仅是全球亚健康的主要原因，代谢风险（即高体重指数、高血糖、高血压和高胆固醇）也已经成为全球死亡人数激增的重要因素。针对其病因进行有效干预，提高国民健康素养，尤为重要。

雾霾会让人变胖吗？

现代社会，人们越来越关注自己的体重和身材。身体质量指数是用来衡量体重和身材的权威指标。亚洲人群的正常身体质量指数是 18.5～23.9kg/m²，身体质量指

数为 $24\sim28$ kg/m² 者为超重， $\geqslant28$ kg/m² 者为肥胖。饮食不健康和缺乏锻炼通常被认为是造成肥胖的原因。近期研究表明，环境污染问题也是导致肥胖的元凶之一，雾霾不仅会对我们的肺部造成伤害，还会影响人体的代谢，从而导致肥胖。

我国一项基于 31 个省市超过 9 万人的研究发现，$PM_{2.5}$ 每增加 $10\mu g/m^3$，成年人发生肥胖和腹型肥胖的风险分别增加 8% 和 10%。科学家解释说，雾霾进入人体后会刺激机体产生炎症，诱导免疫反应，并也会对控制脂肪、糖等物质代谢的激素产生一定影响，造成代谢紊乱，增加变胖风险。

雾霾会增加糖尿病发病风险吗？

雾霾吸入确实会增加糖尿病的发病风险。

糖尿病是临床常见的一种代谢性疾病，主要表现为高血糖。长期暴露于雾霾环境会产生炎症诱导免疫反应，损害胰岛细胞功能，导致胰岛素分泌减少，出现胰岛素抵抗，进而导致代谢紊乱和糖尿病的发生。

综合多项研究结果，空气中 $PM_{2.5}$ 每增加 $10\mu g/m^3$，

2 型糖尿病发病率增加 10%～11%。值得注意的是，准妈妈孕期 $PM_{2.5}$ 的暴露还会增加巨大儿（出生体重大于 4kg）的发生风险。由于巨大儿在后期成长过程中发生糖尿病的概率更大，因此母亲 $PM_{2.5}$ 暴露可能也会影响子代糖尿病发病。此外，雾霾暴露还会增加血糖控制的难度，有可能增加糖尿病患者的死亡风险。

雾霾与脂肪性肝病发生发展有关吗？

研究证据表明，雾霾与脂肪性肝病的发生发展有密切关系。

脂肪性肝病是体内高脂血症等因素导致脂肪在肝脏细胞内过度储存或肝脏发生脂肪变性的一类疾病，早期常见的症状是乏力，严重的脂肪肝患者可出现皮肤瘙痒、食欲减退、恶心、呕吐等症状，甚至发展为肝硬化。脂肪性肝病包括酒精性脂肪性肝病和非酒精性脂肪性肝病。非酒精性脂肪性肝病最为常见，是指除饮酒和其他明确的肝损害因素之外所致的，以弥漫性肝细胞大泡性脂肪病变为主要特征的临床病理综合征，包括单纯脂肪性肝病、脂肪性肝炎、脂肪性纤维化和脂肪性肝硬化。

雾霾中的重要成分 $PM_{2.5}$ 暴露会引起肝脏中脂质合成酶增加，甘油三酯水平升高，肝脏组织出现脂质颗粒沉积，加重脂肪性肝病的发生发展。科学家发现，$PM_{2.5}$ 吸入后可通过调控转录因子活性等分子机制，促进脂肪和胆固醇合成，干扰脂质转运和水解、脂肪酸降解、胆固醇激素和胆汁酸的生物合成等若干生物代谢过程，最终引起肝脏脂质蓄积和脂质代谢紊乱，甚至增加慢性肝炎和肝癌的风险。

雾霾的暴露会不会增加代谢综合征的发病风险？

代谢综合征是一种复杂的代谢紊乱状态，包括糖代谢受损、中心性肥胖、高甘油三酯血症、低高密度脂蛋白胆固醇和高血压（图 5-2）。以上五种症状出现三种或三种以上即可被诊断为代谢综合征。

科学资料已经证明，持续的雾霾天气会增加代谢综合征的发病风险，雾霾也会削弱体育活动对代谢综合征的保护作用。$PM_{2.5}$ 和 PM_{10} 每增加 $5\mu g/m^3$，代谢综合征发病风险分别增加 14% 和 9%。

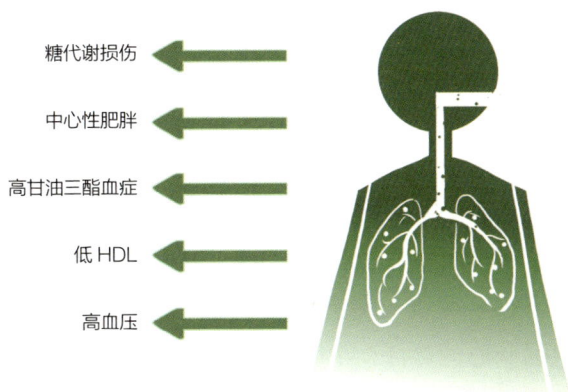

图 5-2　雾霾暴露增加代谢综合征的发病风险

雾霾中什么成分会影响代谢性疾病？影响和季节有关吗？

　　雾霾的主要成分包括气态污染物二氧化硫、氮氧化物和固态的可吸入颗粒等。研究发现，长期暴露于$PM_{2.5}$、二氧化硫、臭氧和氮氧化物，会增加肥胖风险和 2 型糖尿病风险。

　　在诸多污染物中，$PM_{2.5}$ 粒径小，能够到达呼吸道深部造成损伤，甚至可直接透过肺泡进入血液；并且其比表面积大，容易附着更多的有害成分。因此，$PM_{2.5}$ 是雾霾中的首要污染物，也是与代谢损伤最为密切的大气污染物。研究表明，PM$_{2.5}$暴露可以通过调控自主神经功能、中枢和外周炎症反应等生理病理过程，引起胰岛素抵抗、糖尿病等代谢异常。

雾霾影响较严重的季节为秋冬季，以冬季最重（图5-3）。原因如下：大气流在冬季的活动明显减少，雾霾难以被吹散。冬季空气干燥，雨水减少，空气中的颗粒物更容易长时间漂浮，导致污染物不容易被扩散与稀释。北方城市冬季取暖会产生更多的污染物，虽然"煤改气"工程实施使取暖在雾霾发生中的作用比重逐渐降低，但散烧煤和工厂燃料产生的污染物不容忽视。冬季的气溶胶背景浓度高，更易催生雾霾形成，故秋冬季雾霾对代谢性疾病的影响更大。

图5-3 冬季雾霾最为严重

雾霾如何影响代谢性疾病？

目前，关于雾霾影响代谢性疾病发病的原因和病理过程并不是特别清楚。内分泌功能障碍和激素功能异常可能是雾霾影响代谢性疾病的重要病理因素。雾霾中的成分会直接或间接干扰内分泌系统功能、影响机体对内分泌激素的敏感程度，参与代谢性疾病的发病过程。

下丘脑 - 腺垂体 - 肾上腺轴功能强大，三者相互联系，彼此配合，保持机体内环境的稳定。其中，下丘脑会通过促肾上腺皮质激素释放激素作用于腺垂体，影响腺垂体合成和释放促肾上腺皮质激素，进而作用于肾上腺，调控肾上腺皮质激素（如糖皮质激素）合成，最终调节物质代谢及多个系统的功能。科学家研究发现，雾霾中的 $PM_{2.5}$ 暴露后下丘脑 - 腺垂体 - 肾上腺轴功能会发生改变，血液中糖皮质激素水平异常，可能是 $PM_{2.5}$ 影响代谢性疾病发病的重要病理机制之一。

胰岛素是调节糖、脂肪和蛋白质代谢的最重要激素之一，也是唯一降血糖的激素，因此得到了科学家的最多青睐。机体进食后，胰岛 B 细胞分泌胰岛素，胰岛素作用于靶组织（如肝脏、脂肪和肌肉），增加对血液中葡萄糖的摄取利用和糖原合成，从而起到降血糖的作用。胰岛素缺乏（绝对不足）和敏感性降低（相对不足）是糖尿病发生的重要病理机制（图 5-4）。研究表明，$PM_{2.5}$ 吸入会降低胰高血糖素样肽 -1（一种肠促胰岛素，可刺激胰岛素分泌）的水平，减少胰岛素分泌，出现代谢障碍从而导致代谢性疾病的发生。同时，$PM_{2.5}$ 吸入也会引发胰岛素抵抗。胰岛素抵抗是组织对胰岛素敏感性降低的状态，是多种代谢性疾病的共同发病基础。在胰岛素抵抗状态下，胰岛素对靶组织的作用减弱，葡萄糖的摄取利用减少，代谢性疾病发病风险增加。

此外，炎症和氧化应激可能是雾霾暴露引起代谢紊

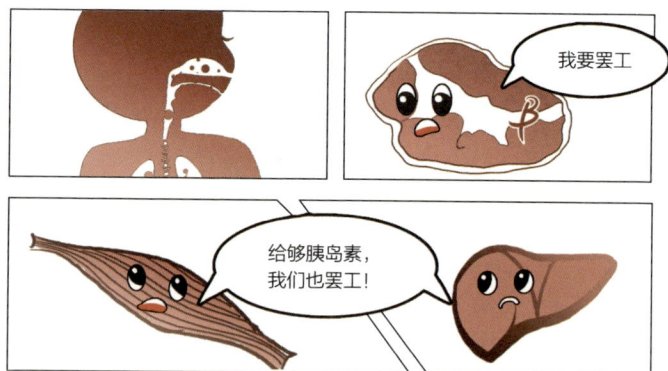

图 5-4 雾霾暴露对代谢性疾病影响的激素机制

乱的重要机制。以炎症为例，人体吸入雾霾后，雾霾中的 $PM_{2.5}$ 可通过直接作用于中枢引起下丘脑炎症反应增强，进而使肝脏、脂肪、骨骼肌等外周代谢器官炎症反应也增强；也可穿过呼吸膜进入血液循环到达胰岛素靶器官引发局部炎症，还可以通过继发肺部炎症引发外周组织炎症反应，使肝脏、脂肪和骨骼肌等组织出现胰岛素抵抗。炎症状态下，人体能量代谢紊乱，胰岛素依赖的葡萄糖摄取减少，从而促进了代谢性疾病的发生和发展。

听说骨质疏松也是代谢异常的一种表现，雾霾会影响骨骼代谢吗？

是的，骨质疏松是一种常见的骨骼代谢性疾病，其特征是骨量降低、骨微小结构损伤和骨脆性增加，从而导致疼痛甚至骨折。骨骼代谢稳态的维持有赖于骨形成和骨吸收的平衡。当骨吸收大于骨形成时，会出现骨质疏松，甚至发生骨折。已有科学研究表明，雾霾的确会影响骨骼代谢，骨密度下降、骨质疏松、骨折发生率上升均与 $PM_{2.5}$ 浓度呈正相关（图 5-5）。

图5-5　雾霾对骨骼健康的影响

那么，雾霾是怎么影响骨骼健康的呢？一方面，颗粒物进入体内会引起炎症因子释放，扰乱成骨细胞和破骨细胞代谢平衡，抑制骨形成，促进骨吸收，最终降低骨密度。另一方面，雾霾不同程度阻挡紫外线照射，可能也是骨质疏松的原因之一。紫外线作用于人体皮肤细胞，使7-脱氢胆固醇转化为维生素D前体物质，维生素D前体物质被吸收入血并先后经过肝、肾代谢后即可转变成活性维生素D。维生素D能促进机体对钙、磷的吸收，如果紫外线照射不足导致维生素D缺乏，可能会加速骨转换、骨丢失，引起佝偻病、骨软化病、骨质疏松等疾病。

听说肠道里的细菌也有用，这些细菌和雾霾暴露引发代谢性疾病有关吗？

是的。俗语说"粪水金汁是良药"，就是利用肠道里细菌组成的肠道菌群。公元三四世纪，我们中医就已经充分运用这个概念，并开展"菌群移植""以粪入药"了。我们先来了解一下什么是肠道菌群。

每个普通人胃肠道的细菌载量超过万亿个，形成了最复杂和最多样化的生态系统——肠道菌群。这些与人类共存的微生物对于人体的食物消化、构成胃肠道屏障和维持免疫功能具有重要意义。微生物群落可以分为三类，即对健康有益的细菌（益生菌）、对健康有害的细菌（病原菌）和可变为有益或有害作用的双向性细菌（中性细菌）。联合国和世界卫生组织将益生菌定义为"活的微生物"，当给予足够数量的这些活性微生物时，可以为宿主带来健康益处。致病菌在益生菌减少时，会大量繁殖，并分泌毒素，对宿主造成损害。中性细菌又称为条件致病菌，是"墙头草"，哪种菌种有优势就往哪边站（图 5-6）。

雾霾等空气污染已被确定为全球第四大死亡风险因

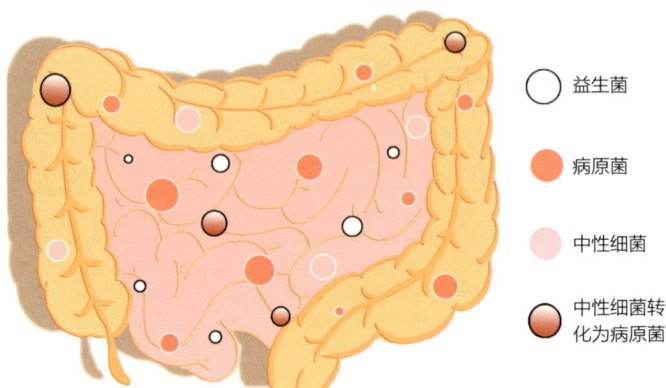

○ 益生菌

● 病原菌

● 中性细菌

● 中性细菌转化为病原菌

图 5-6 雾霾对肠道菌群稳态的影响

素。空气污染造成的疾病负担主要由慢性非传染性疾病造成，其中就包括代谢性疾病——2 型糖尿病。最新的研究发现，雾霾等空气污染会严重损害肠道细菌，促进肠道中的病原菌增加，益生菌减少，甚至部分中性细菌转化为病原菌，引起肠道代谢紊乱、功能受损，进而增加肥胖、糖尿病、肠胃紊乱和其他慢性疾病的风险。新近的研究也验证了肠道菌群介导雾霾等空气污染引起的相应疾病，在雾霾暴露所导致的代谢疾病的发生发展过程中发挥重要作用。

（李久凤）

第6章 霾之痴：雾霾与神经系统疾病

什么是神经系统?

　　通常，大脑被认为是控制身体活动和情绪变化的司令部。事实上，大脑是由脑、脊髓和神经三部分构成，在医学上被称为神经系统（图6-1）。它们作为最高司令部与其他组织脏器紧密联系，保证我们正常学习、生活和工作。

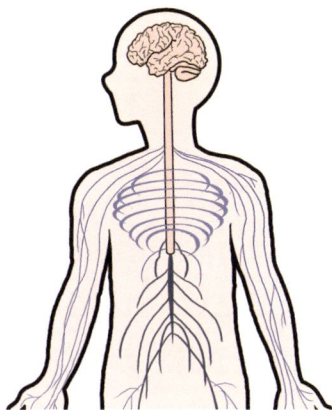

图6-1 神经系统示意图
红色部分为中枢神经系统（脑和脊髓），蓝色部分为周围神经系统

神经系统按其执行的功能可分为两部分——中枢神经系统和周围神经系统。中枢神经系统由脑和脊髓组成，是全身的控制中心，接收从感觉器官和分布于全身的周围神经传输来的信息并对信息进行处理，然后发回指令。周围神经系统，主要功能是将感觉器官接收的信号传至中枢神经系统，又将来自中枢的信号传至相应组织脏器，从而调整身体适应环境变化。

神经系统指挥我们的身体对外界环境变化做出反应，并负责高级的学习和记忆功能。可想而知，如此重要的神经系统如果被外来物质侵袭造成损伤，产生的后果将不堪设想。

雾霾会影响神经系统吗？是如何影响的？

一位毒理学家曾说过："PM$_{2.5}$就像一颗颗小的特洛伊木马，人类已知的每种金属几乎都存在于这些微粒上。"如前所述，雾霾的罪魁祸首——细颗粒物（即PM$_{2.5}$）常常裹挟着重金属等有毒有害物质，混迹于汽车尾气和建筑灰尘并飘散于近地球表面的空气中。已有确切研究资料表明，雾霾的确可以影响神经系统功能，甚至直接进入神经系统，参与神经系统疾病的病理过程。

那么，$PM_{2.5}$ 是如何影响人体神经系统的呢？目前认为有以下三种途径。

(1) 肺部炎症波及脑：肺泡中有大量巨噬细胞存在。巨噬细胞识别到侵入肺泡腔的 $PM_{2.5}$ 后就发起攻击并将其吞噬（图6-2），这一过程会释放大量炎症因子。但是，辛勤工作的巨噬细胞也会因为吞噬过多的 $PM_{2.5}$ 而"过劳死"，它的残骸又会导致第二轮的免疫细胞反应。如果人体长期处于高浓度 $PM_{2.5}$ 环境中，巨噬细胞将始终处于迎战状态，同时募集其他的免疫细胞持续分泌炎症因子作为武器，而持续分泌的炎症因子将随血液扩散至

图6-2　巨噬细胞吞噬雾霾颗粒物示意图

全身各个系统。炎症因子进入脑部后，首先引起大脑的天然防线——血脑屏障功能受损，从而自血液迁移至脑组织中，影响神经系统的功能。

(2) 通过血脑屏障入脑：鼻腔及上呼吸道未能过滤的 $PM_{2.5}$ 会到达我们的肺泡，肺泡周围有毛细血管，肺泡壁、毛细血管壁和之间的间隙构成呼吸膜，是气体交换的必经之路。呼吸膜很薄，平均厚度不到 $1\mu m$，因此黏附于肺泡腔的 $PM_{2.5}$ 可穿过呼吸膜入血，随血液循环运送至全身各组织脏器。$PM_{2.5}$ 循环至中枢神经系统后，对血脑屏障直接发起攻击，使血脑屏障通透性增加（图 6-3）。粒径尺度较小的颗粒物便可携带其吸附的毒性成分进入脑组织，进而损伤神经系统功能。有学者对小鼠

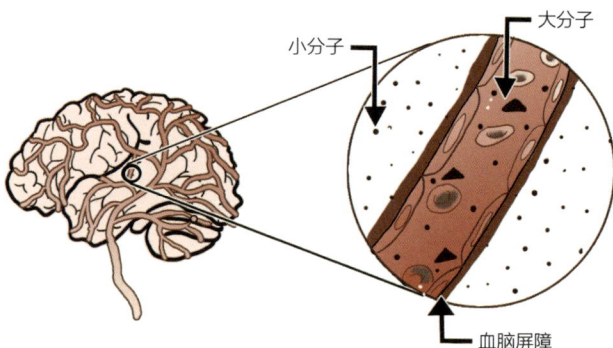

图 6-3　颗粒物损伤血脑屏障

进行 24 周 $PM_{2.5}$ 暴露，测得脑组织表面沉积的颗粒物量大得惊人，$PM_{2.5}$ 含量大约在 $70\mu g/m^3$，$PM_{0.1}$ 数量在 $10\,000\sim20\,000$ 个 $/m^3$。

(3) 通过嗅神经入脑：鼻腔是气体入肺进行气体交换的必经之路。鼻前庭生长的鼻毛和鼻腔黏膜纤毛细胞可过滤直径大于 $10\mu m$ 的颗粒物，小于 $10\mu m$ 的颗粒物可能被鼻腔中的黏液所吸附，其中粒径小的颗粒物可进一步通过分布在鼻腔上部的嗅神经上行到达嗅球。有研究发现，空气污染严重的墨西哥城居民的嗅球炎症表现显著，甚至在青少年的嗅球附近直接观察到 $PM_{2.5}$ 的存在（图 6-4）。

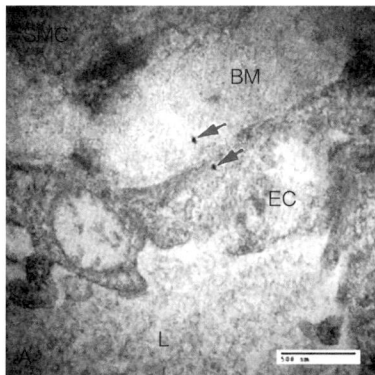

图 6-4 一名 17 岁男孩嗅球小动脉的电子显微镜照片
电子显微镜照片清晰显示 16nm 和 20nm 的 $PM_{2.5}$ 颗粒（箭头）分布于嗅球小动脉内皮细胞的基底膜（basement membrane，BM）和内皮细胞质（endothelial cytoplasm, EC）

神经系统疾病有哪些？在我国引起的疾病负担大吗？

神经系统疾病主要包括脑血管疾病、神经元变性疾病及中枢神经系统感染性疾病三大类。脑血管疾病包括短暂性脑缺血发作、脑卒中（脑梗死或脑出血）等；神经元变性疾病包括运动神经元病、阿尔茨海默病、额颞叶痴呆、路易体痴呆等；中枢神经系统感染性疾病包括病毒感染性疾病、细菌感染性疾病、新型隐球菌脑膜炎、螺旋体感染性疾病。近年来，我国人群中枢神经系统感染性疾病患病率逐年下降，而脑血管疾病及神经系统变性疾病的发病率及致死率却逐年上升。

2019 年，国际权威期刊《柳叶刀》发布的《1990—2017 年中国及其各省的死亡率、发病率和危险因素报告》（下文简称《报告》）指出，脑卒中、缺血性心脏病、肺癌、慢性阻塞性肺病和肝癌是 2017 年导致国人死亡的 5 个主要原因（表 6-1）。

表 6-1　1990 年和 2017 年引起我国居民死亡排名前 5 的疾病

排名	1990 年	2017 年
1	下呼吸道感染	脑卒中
2	新生儿疾病	缺血性心脏病

（续表）

排名	1990 年	2017 年
3	脑卒中	肺癌
4	慢性阻塞性肺疾病	慢性阻塞性肺疾病
5	道路交通伤害	肝癌

脑卒中从 1990 年的第 3 位攀升为 2017 年导致国人死亡的首要病因。脑卒中，就是我们俗称的脑梗，近 30 年来我国脑卒中发病率逐年升高，且年轻化趋势明显，平均每 21 秒就有 1 人因脑卒中死亡。脑卒中若不能被及时发现和救治，将留下严重的终身残疾，因此脑卒中被称为"人类健康的头号杀手"。

雾霾对全球疾病负担贡献大吗？

2017 年影响全球死亡人数和伤残调整生命年（疾病早死和残疾损失的健康生命年相结合损失的寿命年数）指标前十位危险因素分别为高收缩压、吸烟、高钠饮食、颗粒物污染、高空腹血糖、高低密度脂蛋白胆固醇、高体重指数、全谷物摄入不足、水果摄入不足和饮酒。在以上的 10 大危险因素中，直接造成空气污染的因素有 2 项（吸烟与颗粒物污染），分别居第二位和第四位（图 6-5）。此外，高收缩压、高空腹血糖、高体重指数都和空气污染有关。因此，雾霾通过直接和间接作用，引起了很重的疾病负担。

此外，根据世界卫生组织公布的数据，2016 年全世界城市和乡村地区室外环境空气污染导致全球 420 万人过早死亡。若将颗粒物污染平均浓度由 $70\mu g/m^3$ 降低至 $20\mu g/m^3$，我们就可以将空气污染相关的死亡率降低大约 15%。

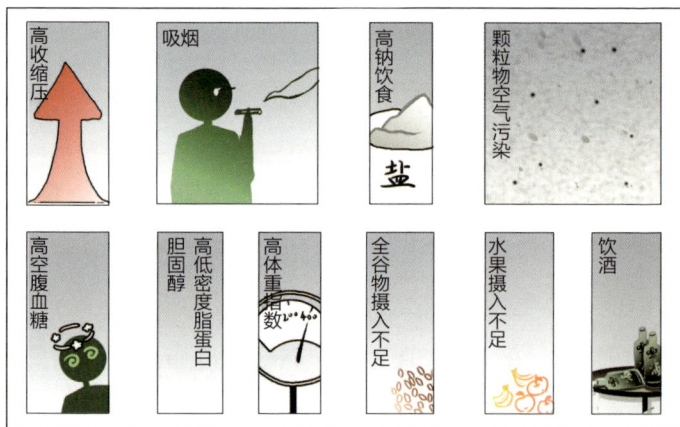

图 6-5　全球疾病负担因素排名（2017 年）

雾霾与我国排名第一的死因"脑卒中"有关吗？

有关！已有多项研究资料表明两者之间的密切关联。

一项加拿大的研究表明，$PM_{2.5}$ 每增加 $10\mu g/m^3$ 将导致糖尿病患者缺血性脑卒中风险增加 11%。2018 年对中国、加纳、印度、墨西哥、俄罗斯和南非的 45 625 名受访者调查发现，$PM_{2.5}$ 每增加 $10\mu g/m^3$，脑卒中发病率增加 1.13 倍；进一步分析表明，体力活动较高（同时吸入的 $PM_{2.5}$ 也将更多）的受访者脑卒中的发生概率较高，而水果和蔬菜摄入量较高的受访者脑卒中发病率较低。2019 年对超过 220 万人的荟萃分析发现，$PM_{2.5}$ 浓度每增加 $5\mu g/m^3$ 导致脑卒中风险比与卒中死亡率风险比均为 1.11，表示 $PM_{2.5}$ 暴露组脑卒中发病与死亡率均为对照组的 1.11 倍。不同地区 $PM_{2.5}$ 与卒中发病率之间均存在显著关联，并且 $PM_{2.5}$ 浓度越高相应脑卒中发病率也越高。因此，雾霾是脑卒中的重要危险因素（图 6-6）。

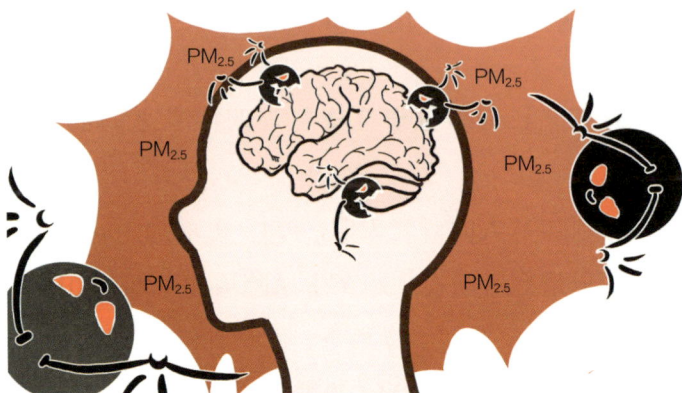

图6-6 PM$_{2.5}$是脑卒中的危险因素

雾霾会影响我们的情绪吗？

是的，雾霾会影响情绪，并产生抑郁样行为。

对大学生志愿者进行行为学研究发现，受试者在雾霾天气的人际冲突行为要比在晴朗天气的蓝天下多得多。进一步将研究移至室内，向室内测试场地投射雾霾图片后，受试者人际冲突行为显著增加，而投射蓝天图片则能显著降低消极情绪并转为积极情绪。大鼠浓缩PM$_{2.5}$暴露实验也证实，浓缩PM$_{2.5}$暴露后大鼠的糖水偏爱程度明显低于过滤空气组，伴有摄食量的显著降低，而以上均为动物的典型抑郁样行为。

雾霾天气会通过扰乱大脑神经递质或激素分泌影响情绪，更容易让人感觉到抑郁，可能和雾霾天气影响日照有关。譬如，早在 1983 年，研究者就发现日照充足时对生活满意度调查的结果比缺乏日照的阴雨天调查的满意度高很多。日照不足时，大脑中一种名叫 5- 羟色胺的神经递质分泌会显著下降，5- 羟色胺对我们感受快乐和维持情绪稳定至关重要，当它含量降低时，情绪、睡眠和食欲都会受到负面影响。此外，当光照减少时，一种以"助眠"而闻名的激素——褪黑素的分泌会增加。在 5- 羟色胺和褪黑素的双重影响之下，人的生物钟可能也会发生变化，白天会觉得昏昏沉沉，情绪低落。

所以在雾霾天气，我们更应关注情绪变化，警惕其对心理造成的影响。

雾霾会影响儿童认知功能吗？

会！雾霾吸入会影响孩子的智力、记忆力和注意力等认知相关的功能（图 6-7）。

对暴露于 $PM_{2.5}$ 的健康儿童进行观察，发现居住在污染严重的城市环境中的儿童在认知任务的测试中表现

图 6-7　雾霾影响儿童认知功能

出明显的缺陷。磁共振检查结果显示，雾霾引起 56%
的儿童出现前额叶白质高信号病变，并且在 57% 的幼
犬中也观察到类似病变，提示前额叶皮质的损伤可能与
认知功能障碍有关。与此相对应，一项对美国南加州
1360 名 9—11 岁和 18—20 岁青少年调查发现，居住环
境 $PM_{2.5}$ 水平的升高与智商降低有关；$PM_{2.5}$ 浓度每增加
$7.73\mu g/m^3$，平均智商得分下降 3.08。

　　一项对西班牙巴塞罗那地区 2221 名 7—10 岁的儿
童认知表现研究指出，婴幼儿期暴露的 $PM_{2.5}$ 浓度越高，
儿童反应速度就越慢，注意控制能力越弱；同时，儿童
暴露的年平均 $PM_{2.5}$ 浓度越高，考察其记忆的测试成绩
就越低，且该现象在男孩中尤为显著。

雾霾和老年痴呆有关吗？是如何影响老年痴呆的呢？

　　有关！对美国老年女性队列进行分析，居住在 $PM_{2.5}$ 超过年平均值 $15\mu g/m^3$ 地区的居民，认知能力下降和痴呆症（记忆减退与学习障碍）的患病风险分别增加了 81% 和 92%，且神经元突触损伤程度与 $PM_{2.5}$ 的暴露浓度呈正相关。动物实验研究也证明小鼠暴露 $PM_{2.5}$ 后，会出现较为严重的脑损伤并伴有认知能力下降。因此，$PM_{2.5}$ 暴露在阿尔茨海默病（AD，俗称老年痴呆）发病中起着至关重要的作用（图 6-8）。

图 6-8　雾霾与老年痴呆

有人群研究证实，$PM_{2.5}$暴露人群的血脑屏障破坏是神经系统疾病的一种严重病理现象。$PM_{2.5}$攻击血脑屏障后穿过受损的屏障到达中枢神经。一方面，到达中枢神经的$PM_{2.5}$可激活中枢神经系统中的免疫细胞，引发过量炎症因子和过氧化物的产生，最终执行学习记忆功能的神经元细胞逐渐凋亡，患者逐渐出现老年痴呆症状。另一方面，$PM_{2.5}$还会引起神经元形态和突触的改变，淀粉样蛋白 -β（AD 典型病理标志物）生成途径激活，导致淀粉样蛋白 -β 在神经元和脑脊液中的堆积，加剧老年痴呆。

雾霾中的哪些组分更容易引发神经系统疾病?

雾霾中的窒息性气体对中枢神经系统影响较为显著。窒息性气体是指被机体吸入后，使细胞得不到或不能利用氧，而导致组织细胞缺氧窒息的一类有害气体，常见的有一氧化碳、氮氧化物、硫化氢等。中枢神经系统对缺氧最为敏感，轻度缺氧表现为注意力不集中、定向能力障碍等；中度缺氧时可有头痛、头晕、耳鸣、呕吐、嗜睡，甚至昏迷；重度缺氧进一步可发展为脑水肿。

窒息性气体短时间大量吸入会导致神经系统严重的病理表现，出现上述神经系统损伤。

雾霾中的颗粒物附着的重金属铅及有机物多环芳烃也可引起严重神经系统损伤。重金属铅在不同生命阶段，对神经系统有不同的影响。对于胎儿，铅可进入孕妇胎盘，影响神经发育，造成胎儿小脑畸形，流产或死胎。儿童神经系统处于敏感期，小孩铅中毒则会出现发育迟缓、行走不便和便秘、失眠；还有的伴有多动、听觉障碍、注意力不集中和智力低下等现象。在成年人，铅的入侵会破坏神经，出现头晕、乏力、眩晕等症状。

多环芳烃是指含两个或两个以上苯环的芳烃，可以通过呼吸或者直接的皮肤接触进入人体。除了很强的致癌性，多环芳烃也严重影响神经系统的功能。在纽约市新生儿队列研究中发现，新生儿出生前暴露环境中多环芳烃水平越高，3 岁时智力测试水平越低，并且多环芳烃高暴露组的新生儿在 5—7 岁时更容易出现注意力不集中，情绪低落等症状。长期的多环芳烃暴露还会对成年人的神经认知功能产生不良影响。

雾霾对神经系统的影响是永久的吗？

目前，尚无确凿科学资料证实雾霾对神经系统影响能持续多久，但有研究指出，雾霾对神经元突触的形成（负责记忆及运动等功能）造成持久乃至永久的损害。理论上，神经元结构受损，对功能的影响必然持续存在。

铅是雾霾中的重要金属元素，会对智力产生永久的损伤。铅不仅对人体无益，更可怕的是它的毒性没有阈值，也就是说不管多低浓度的铅，都会对身体造成伤害。现有的毒理学研究已经明确，儿童对铅的吸收率为 42%～53%，高出成年人 5～10 倍；但儿童铅代谢速率仅为成年人的 1/8～1/5。这就意味着铅中毒对儿童认知功能和神经系统的损伤比成年人更持久。有学者对儿童血铅含量和智商关系进行调查，结果显示血铅含量每升高 100μg/L，智商就会下降 6.67 分，并且铅对智商的损伤是不可逆的。

人们对雾霾和神经系统疾病的认识还非常有限，需要更多研究来揭开雾霾影响神经系统疾病发病的面纱。

不同群体该如何避免雾霾对神经系统的损伤？

　　首先，建议养成每天出门前了解空气质量的习惯。不少手机 APP 或天气预报均可直接查看空气质量指数（air quality index，AQI），了解空气中有多少被污染的空气颗粒，从而决定是否出行和做好出行防护。AQI 在 0~50，表明空气质量相对较好，可以出行；超过该值时，应适当做好防护或避免外出。

　　保护儿童不受雾霾侵害，预防大脑和认知发育免受雾霾侵袭和损伤应引起足够重视。对于三岁以内的婴幼儿，避免雾霾天外出，尽量选择 AQI 在 50 以下时带孩子出门。如果孩子大于 3 岁，应购买质量合格的儿童 N95 口罩，并教会孩子正确的佩戴方式，并叮嘱在户外时佩戴。但不建议儿童长时间佩戴 N95 口罩，以防孩子缺氧。雾霾严重时需注意及时更换新口罩。建议幼儿园、学校等配备有效的空气净化器或新风系统，并实时监测 $PM_{2.5}$ 浓度。

　　对于上班族的预防，我们提出以下建议：养成查阅每日 AQI 的习惯。普通医用口罩无法有效过滤污染的空气，应根据 AQI 数值佩戴 N95 等级的口罩；如果居住在

AQI 一直较高的地区，建议提前 30～60 分钟通勤上班，尽量减少机动车高峰引起的过多汽车尾气的暴露；如果开车上班，开启空调内循环模式，减少外部交通废气进入车辆。在空气污染严重的户外待了较长时间，建议回家后立即换掉户外的脏衣服并洗澡，清洗可能附在皮肤上的雾霾颗粒。如果需要去空气质量差的地区出差，请准备 N95 口罩。

居家者及老年人的预防措施：定期清理空调过滤器，保证空调吹出清洁空气，建议每月一次；如果家里养宠物，需要增加清洁空调过滤器的频次。定期检查和清理家中潮湿的浴室或厨房下水道，避免霉菌滋生；清洁时戴上橡胶手套和口罩，使用清洁剂擦去任何可见的霉菌或菌斑。在 AQI 优的时候开窗通风，提高室内空气质量，防止室内空气污染。

（顾唯佳）

第7章　霾之癌：雾霾与肿瘤

什么是肿瘤？肿瘤就是癌症吗？

近年来，癌症已成为中国居民的主要死亡原因，其粗死亡率从 1990—1992 年的 108.3/10 万人上升到 2015 年的 170.1/10 万人。伴随着人口老龄化问题，癌症疾病负担也在不断增加，以至于在日常生活中人们往往会"谈癌色变"，甚至听到肿瘤一词都会眉头紧皱。但肿瘤就是癌症吗？不是的！简单来讲，肿瘤指的是由于各种致癌因素的共同影响，导致细胞在基因水平上无法进行正常生长调控的一种疾病。换句话说，肿瘤是由于各种因素的影响，在体内某些因子的作用下导致局部细胞增生所形成的新生物，因为这种新生物多呈占位性块状突起，也称赘生物。

肿瘤可分为良性肿瘤和恶性肿瘤，恶性肿瘤又可以分为癌和肉瘤（图 7-1）。因此，从严格意义上讲，只有恶性肿瘤才可以称为癌症。实际上，我们每个人体内

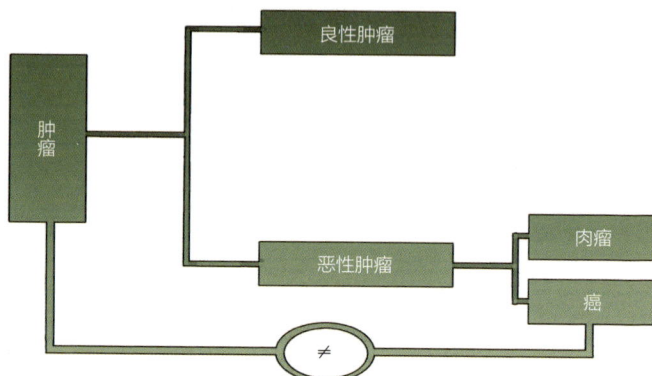

图 7-1 肿瘤与癌症定义辨析

都存在原癌基因，在正常情况下处于不表达或低表达状态。但在某些条件下或者受到某些因素的影响后，原癌基因可能被激活，从而转化成癌基因。之后，癌基因可使正常细胞发生癌变、侵袭及转移，从而导致其数目增多或功能增强，使细胞过度增殖并获得其他恶性特征，最终形成恶性肿瘤。

引起肿瘤的危险因素有哪些？

肿瘤是由多种因素相互作用而导致的一类疾病。除了遗传因素外，肿瘤也与行为危险因素、临床危险因素和环境危险因素有关（图 7-2）。行为危险因素包括吸烟、饮酒、不健康饮食和缺乏运动等；临床危险因素包括肥胖、罹患糖尿病和传染性疾病等；环境危险因素包括空气污染、水污染、土壤污染和职业暴露等。

　　其中，环境危险因素是近年来的重点关注问题，其来源众多，并且与我们日常生活息息相关，我们每时每刻都有可能暴露于环境危险因素之中。常见的环境危险因素：空气污染包括颗粒物、氮氧化物和有机污染物等；水污染包括硝酸盐和有机化合物等；土壤污染包括农药残留物和重金属等；职业暴露包括石棉、煤矿、金属粉尘、烟油、人造纳米材料等材料的暴露。总之，与肿瘤相关的危险因素众多，有些因素可以通过相应的措施进行防

行为因素
吸烟、饮酒、不健康
饮食和缺乏运动

临床因素
肥胖、罹患糖尿病和
传染性疾病

环境因素
空气污染、水污染、土
壤污染和职业暴露

图 7-2　肿瘤的危险因素

控，从而降低罹患肿瘤的风险。

雾霾会诱发肿瘤吗？

会！环境危险因素中的空气污染是目前世界各国重点关注的公共卫生问题，而雾霾天气则是空气污染的主要现象之一。世界卫生组织国际癌症研究所于 2013 年便将室外空气污染列为 I 类致癌物，数据表明全球每年有高达 400 万人因室外空气污染而过早死亡，这其中主要的"罪魁祸首"正是细颗粒物（$PM_{2.5}$），而 $PM_{2.5}$ 正是雾霾的主要成分之一。因此，颗粒物也同时被列为 I 类致癌物。

越来越多的证据表明，雾霾会增加肿瘤的发病率。例如，我国流行病学研究证明，颗粒物污染所形成的雾霾天和肺癌密切相关。东南亚地区研究也表明，在雾霾天气期间，肺癌发病率会显著升高。此外，毒理学研究发现，雾霾可能会激发体内的氧化应激（指由自由基导致体内氧化和抗氧化作用失衡的状态，参与众多疾病的发生发展过程）和炎症反应等毒性机制，进而诱导肿瘤的发生与发展。

雾霾会诱发哪些肿瘤？

雾霾天气发生时，以 PM$_{2.5}$ 为主的污染物进入人体后会造成一系列不良健康效应，其直接和间接影响能够损害体内多种器官的健康。人们往往认为在雾霾天时，呼吸系统是主要的暴露途径，因此应该只会对肺部造成不良健康影响。然而事实并非如此，大量研究表明，除肺部肿瘤之外，其他肿瘤（如鼻咽肿瘤、口腔肿瘤、肝肿瘤、胰腺肿瘤、乳腺肿瘤和脑瘤等）的发生发展都可能与雾霾有着一定的联系（图 7-3）。另有流行病学研究证明，雾霾中的颗粒物成分会增加儿童罹患中枢神经

图 7-3　雾霾诱发的肿瘤类别

系统肿瘤的风险；甚至出生前（母亲孕期）暴露于雾霾
环境时，雾霾中的氮氧化物可能会增加儿童罹患血液系
统肿瘤（急性淋巴细胞白血病等）的风险。

雾霾是不是更容易诱发呼吸系统相关肿瘤？

确实如此，呼吸系统是人体抵御颗粒物侵袭的第一
道防线，也是遭受严重攻击的系统之一。雾霾天气时以
颗粒物为主的污染物进入体内的主要途径就是呼吸道。
实际上，颗粒物经口鼻吸入后就开始受到呼吸系统的"防
御反击"。首先是鼻咽部，绝大部分粗颗粒物（PM_{10}）
会沉积在呼吸道黏膜和上呼吸道，通过黏液纤毛系统和
上皮内吞作用（指通过质膜的变形运动将细胞外物质
转运入细胞内的过程）被清除；而 $PM_{2.5}$ 和更小的超细
颗粒物（$PM_{0.1}$）则可以进入支气管和肺泡区域，通过淋
巴引流等方式被清除；最终大部分颗粒物将沉积于肺内，
伴随着肺泡巨噬细胞的清除过程，引发肺部一系列不良
健康效应。因此，雾霾对身体健康首要和主要的"攻击
目标"就是呼吸系统。近年来，肺癌一直是我国癌症的
"头号杀手"，2020 年我国肺癌新发病例数高达 81.6 万人，

在肺癌致病因素中，雾霾"功不可没"。

雾霾为什么会诱发肿瘤？

　　雾霾诱发肿瘤的背后是一系列复杂的生物学机制，不同器官的肿瘤可能具有不同的致病机制。简单来讲，雾霾中的颗粒物作为外源性物质进入机体后会激活一系列毒性作用通路，并在释放的某些因子作用下导致局部细胞增生形成肿瘤。例如，吸入的颗粒物会激发氧化应激作用，导致肺上皮细胞炎症介质的合成并激发致癌机制，从而诱发肺部肿瘤。在此过程中活性氧（指氧分子代谢产物及其衍生的所有高反应性的含氧自由基、过氧化物和单线态氧等物种，是氧化损伤的关键物质）起到了关键作用。除此之外，颗粒物诱导的表观遗传（指在基因的 DNA 序列没有发生改变的情况下，基因功能发生了可遗传的变化，并最终导致了表型的变化）可能在肺部肿瘤的发病机制中同样发挥着重要作用。对于乳腺肿瘤，颗粒物可能通过扰乱乳腺附近组织的细胞信号传导和蛋白翻译等过程，进而影响乳腺肿瘤的发生发展。总之，雾霾诱发肿瘤背后的机制十分复杂，除了上述提到的氧化应激、表观遗传和扰乱基因表达的机制以外，还可能受到其他众多因素的影响。一些器官肿瘤的致病机制尚未明确，仍需开展更多的临床试验和毒理学研究进一步探索。

生活在雾霾严重地区对肿瘤患者有什么影响？

在我国，北方地区的空气污染普遍较南方严重，尤其是工业型城市，如津京唐工业区。雾霾严重地区的空气质量差，空气中颗粒物浓度较高，甚至会和其他大气污染物产生联合暴露效应，加大对身体的健康危害。同时，肿瘤患者免疫力低下，身体健康状况不佳，若生活在雾霾严重的地区不利于身体的康复，甚至可能加重疾病进展。研究表明，颗粒物能够上调肺部肿瘤中黏附因子（指参与细胞与细胞之间及细胞与细胞外基质之间相互作用的分子，具有介导细胞连接、参与细胞分化和抑制细胞迁移的作用）的表达，增加肺癌细胞与单核细胞之间的黏附，而细胞黏附会加剧肺部肿瘤的炎症反应，使病情恶化甚至发生癌细胞转移。有研究发现，$PM_{2.5}$ 浓度每升高 $10\mu g/m^3$，肺癌死亡率增加约 8%。因此，肿瘤患者应避免长期暴露在雾霾中，并注意远离工厂和主干路街道等空气污染严重的区域。

雾霾对肿瘤的影响存在性别差异吗？

研究表明，雾霾对肺部肿瘤的影响可能存在一定的性别差异。例如，研究发现，空气污染与女性肺癌患者之间的相关性大于男性，表明女性可能更容易受到雾霾影响而罹患肺部肿瘤。而对于雾霾所诱发的肺癌死亡风险，男性则大于女性。一项在北京、重庆和广州三个城市开展的研究表明，$PM_{2.5}$ 浓度每增加 $10\mu g/m^3$，男性肺癌患者的死亡率显著升高，而女性患者的肺癌死亡率则无统计学意义。由此可见，性别差异在雾霾影响肿瘤发病率和死亡率的结果似乎并不一致。目前，关于雾霾对其他肿瘤影响的性别差异研究较少，未来需进一步开展相关研究。雾霾对肿瘤影响的性别差异可能和一些先天性因素及行为危险因素有很大关系，包括体内激素分泌、身体素质和生活方式等。此外，吸烟酗酒、厨房油烟等也都是影响肿瘤的重要因素。

不同来源的雾霾对肿瘤的影响有差异吗？

雾霾的主要成分是二氧化硫（SO_2）、氮氧化物和 $PM_{2.5}$，后者对人体健康伤害最大。$PM_{2.5}$ 来源众多，广泛存在于我们的日常生活之中，主要可以分为自然源和人为源两种。其中，自然源主要包括土壤尘埃、海洋气溶胶、生物代谢以及森林火灾等；人为源主要包括机动车尾气、工厂排放、化石燃料燃烧等（图 7-4）。

鉴于不同来源的雾霾成分和含量有所区别，而不同成分的毒性机制和毒性强度不尽相同，不同成分之间的交互作用也会使其毒性有所改变，因而不同来源的雾霾

人为形成

自然形成

图 7-4　$PM_{2.5}$ 的来源

对肿瘤的影响也存在一定的差异。相较于自然来源的污染物，人为来源的雾霾颗粒的毒性更大，致癌作用更强。譬如燃煤释放的污染物、吸烟（包括二手烟和无烟烟草）、发动机排放的污染物等均被国际癌症研究所列为确认可以致癌的Ⅰ类致癌物。燃煤造成的空气污染使肺癌发生风险加倍，尤其是对于不吸烟的妇女影响更大。吸烟可导致多种癌症，包括肺癌、食管癌、口腔癌、咽喉癌、肾癌、膀胱癌、胰腺癌、胃癌和宫颈癌等。约 70% 的肺癌仅由吸烟引起。二手烟已被证明能够使不吸烟者罹患肺癌。无烟烟草（也被称为口用烟草、嚼烟或鼻烟）可导致口腔癌、食管癌和胰腺癌。柴油燃烧比汽油燃烧排放的污染物毒性作用更大，致癌性也更强。

　　雾霾颗粒的化学和物理特性在其毒性机制中有举足轻重的作用，所以不同来源雾霾的致癌作用也会因其主导成分而异。例如，一些雾霾颗粒中稳定自由基含量较多，则会增加体内活性氧（ROS）的含量，从而加重体内氧化应激反应和 DNA 损伤，进一步诱导相关致癌通路的激活；而含金属较多的颗粒物能够通过刺激巨噬细胞、改变基因表达水平和转录因子（指能够结合在某基因上游特异核苷酸序列上的蛋白质，具有调控其基因转录的作用）等途径在致癌过程中发挥重要作用。

雾霾对肿瘤的影响存在季节性差异吗？

一般而言，秋冬季正值北方部分地区供暖季，燃煤量大大增加，污染程度较高，雾霾天气较频繁。因而，秋冬季节的颗粒物浓度较高，并且碳、金属化合物等含量也居高不下，而春夏季节的颗粒物浓度一般会有所降低。对于容易出现逆温现象的山谷低洼地带，不利于污染物稀释和扩散，更容易形成雾霾天气。理论上讲，这种季节变换导致的雾霾天颗粒物的浓度和成分、温湿度等气候条件发生改变，会直接影响污染物的稀释和扩散，进而间接对肿瘤的发生与发展造成影响。

补充营养品对于预防雾霾诱发的肿瘤有用吗？

在营养均衡的基础上，科学搭配补充营养品可能对预防肿瘤是有益的。研究表明，增加膳食纤维和全谷物的摄入量对预防结直肠癌具有一定的效果。其次，新鲜蔬菜和水果含有许多对身体有益的成分，如膳食纤维、矿物质、类胡萝卜素和酚类等。具有抗氧化作用的类胡萝卜素和多酚类物质也均对健康起到促进作用。

虽然营养均衡、合理膳食对预防肿瘤有着举足轻重的作用，适当补充膳食纤维和维生素等营养补充剂也具有一定的积极作用（图 7-5）。但是，目前尚无确定的膳食产品或营养物质能够特异性预防或对抗雾霾引起的肿瘤。切记，营养品不能"乱吃"，尤其是肿瘤患者或其他患有基础疾病的人群一定要在医生指导下，结合自身情况科学搭配，否则反而可能会给身体健康带来伤害，甚至加重疾病的进展。

图 7-5　肿瘤的预防

肿瘤的"预警信号"有哪些？

肿瘤发现越早，患者预后越好。因此，如果能够早期发现身体发出的肿瘤"预警信号"，对后续的治疗有极大帮助。

那肿瘤到底有哪些早期症状呢？首先是体重短时间内明显下降以及经常出现疲乏无力等身体不舒服的感觉，不明原因的反复高烧，身体皮肤某些部位出现肿块或硬块，频繁腹泻及大便带血等异常情况。当然，出现以上症状的原因有很多，并非一定是肿瘤的"预警信号"，所以如果有类似的症状也不要过度担心，更不能讳疾忌医，应及时就医检查。定期体检是良好的健康行为，为了自己和家人的健康，每一年或两年进行一次全面的健康检查是有必要且意义重大的。

（徐燕意）

第 8 章　霾之绝：雾霾与生殖障碍

什么是不孕不育？

不知道从什么时候开始，不孕不育治疗的广告开始频繁在电视、报纸和网络上出现。那么，什么是不孕不育呢？世界卫生组织（WHO）将不孕不育定义为育龄夫妻一年未采取任何避孕措施，性生活正常而没有成功妊娠，即是医学定义中的"不孕不育"。

不孕不育分为"原发性"和"继发性"两类，女性原发性不孕症是指从未被诊断过临床妊娠并符合不孕症标准的女性，而继发性不孕症则适用于曾经有过临床妊娠但目前符合不孕症标准的女性。

同样，男性不育也可以采用上述标准分为原发性不育和继发性不育。

不能生育，很焦虑。不孕不育发病率高吗？

无须焦虑，不孕不育并非个案，目前不孕不育已经成为国内外常见的临床疾病（图 8-1）。从近几十年的统计数据看，我国不孕不育发病率居高不下。1988 年，国家计生委对 1976—1985 年初婚妇女的调查显示，不孕症的总发生率为 6.89%。2001 年，国家计生委对 28 511 名已婚妇女的抽样调查显示，原发性不孕症达到 17.3%。2017—2019 年，对苏州地区育龄夫妇进行分层抽样和随机抽样调查发现，不孕不育患病率为 16.36%。中国人口协会 2018 年发布的《中国不孕不育现状调研报告》显示，每 6 对育龄夫妇中就有 1 对面临生育问题，不孕不育率

图 8-1　久备不孕

接近 17%。由此可见，"生不出"可能是导致我国低生育率的重要原因之一。WHO 预测，在 21 世纪不孕症将成为仅次于肿瘤和心脑血管病的第三大疾病。

不孕不育，男方责任大，还是女方责任大？

造成不孕不育的原因一定是女方吗？相信对于这个问题大家已有正确的回答。事实上，不孕不育不仅涉及女方的原因，男方也负有较大的责任。不孕不育常由女性或男性生殖系统异常引起。女性导致不孕症的病因主要为输卵管阻塞因素、排卵功能障碍、子宫内膜异位症、免疫因素等；而男性主要包括男性性功能障碍和精液异常等。国内一项新婚夫妇前瞻性研究发现，有 40%的不孕不育是由女性因素引起，17% 由男性因素引起，26% 则是双方均诊断为不孕症 / 不育症，而 17% 的夫妇未找到任何一方的病因（图 8-2）。国外也有相似的结果，不孕不育中约有 50% 是单纯由女性因素引起，单纯的男性因素占 20%～30%，男女双方共同原因造成的约为30%。由此可见，生育是夫妻双方共同的责任，男性和女性都有责任关注和维护好自身的生殖健康。

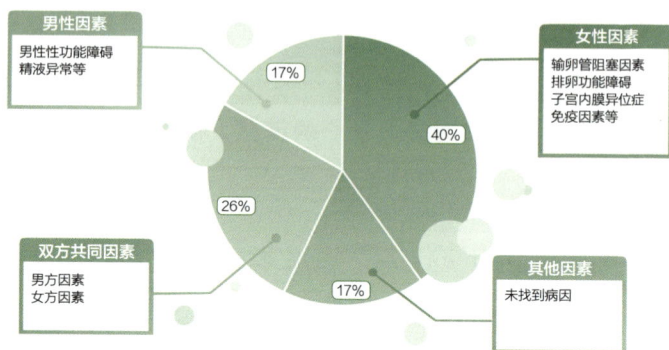

男性因素
男性性功能障碍
精液异常等

17%

女性因素
输卵管阻塞因素
排卵功能障碍
子宫内膜异位症
免疫因素等

40%

26%

双方共同因素
男方因素
女方因素

17%

其他因素
未找到病因

图 8-2　中国新婚夫妇不孕不育的原因

不孕不育影响因素有哪些？

不孕不育影响因素众多，除了遗传、年龄、疾病、社会、心理、行为等因素外，越来越多的研究表明，人类生殖能力的下降与环境污染物密切相关。人类日常接触的各种塑料制品、化妆品以及医疗用品中的塑化剂、残留在食物或水体中的农药、雾霾中的颗粒物都有可能是损害生殖健康的"杀手"。

不孕不育和雾霾有关系吗？

有！雾霾暴露会引起生殖功能损伤。空气无处不在、无时不有的特性，导致雾霾暴露人群广泛、暴露接触时间长、管理防控难度较大。因此，雾霾暴露对人类生殖功能的损害已经成为人们关注的新焦点。

多个国家的生育力普查和前瞻性队列研究均显示了居住地雾霾相关暴露与不孕不育之间的关联。研究发现，随着空气污染物浓度（包括 PM_{10}、$PM_{2.5}$、$PM_{2.5\sim10}$ 以及氮氧化物）增加，生育力出现下降。与居住地远离主干道的女性相比，居住地靠近主干道女性的不孕风险（风险比率）有轻微的升高。虽然，所有尺度大小的 PM 累积暴露都与不孕水平升高存在关联，但 $PM_{2.5\sim10}$（即粗颗粒物）水平与生育力降低的相关性尤为显著，累积水平每升高 $10\mu g/m^3$，原发性不孕和继发性不孕的风险均升高到 1.1 倍。此外，研究还发现 PM 的累积暴露水平与不孕风险存在的关联最强，表明雾霾的长期暴露对生育力的影响比短期暴露更大。

雾霾也会影响辅助生殖吗？哪些物质是干扰受孕的"罪魁祸首"？

是的，雾霾不但影响人体自然受孕，还影响人工辅助生殖这类体外受精过程。在开展体外受精 - 胚胎移植的女性中发现，卵泡期的 PM 短期暴露明显增加了流产的风险。

国外一项接受辅助生殖治疗的大规模人群研究发现，胚胎培养阶段的 $PM_{2.5}$ 暴露与受孕率降低相关，并且 NO_2 和 O_3 在辅助生殖各个阶段的暴露都可影响受孕率以及活产胎儿数量。

雾霾是精子"杀手"吗？

从 1938 年到 1991 年的五十多年时间内，西方国家成年男性一次排出的精液量由 3.4 ml 降至 2.75 ml，精子密度从 113×10^6 个 /ml 降低为 66×10^6 个 /ml，因此，男性的平均精子总数降低近一半。我国男性的精液质量问题也不容忽视，与 1983 年相比，2009 年的精子密度呈显著下降趋势。已有研究证实，雾霾中的污染物可以造成生精过程的障碍和精子细胞的损伤。因而，雾霾暴露是导致人类精液质量降低的重要原因之一。

精子生成是一个连续动态的过程，从精原干细胞的增殖、分化到精子的成熟，人类精子生成过程需要大约

90天。国内研究人员对精液样本采集前不同时间窗口的颗粒物水平进行分析，发现 PM_{10} 和 $PM_{2.5}$ 暴露与精子浓度和总数下降存在关联，尤其是在精子生成早期和中期的大气颗粒物暴露对精子数量下降的影响最大，提醒对男性精子宝宝的保护要尽早关注。

雾霾中的什么物质会"杀精"？

研究发现，随着雾霾中 PM_{10}、NO_2 和 SO_2 浓度的升高，精子正常形态率和运动参数都呈下降趋势，精子质量显著降低。在波兰不育人群中发现，监测的所有污染物指标，包括 PM_{10}、$PM_{2.5}$、SO_2、CO 和氮氧化物等雾霾中的主要物质，都与精子畸形显著增多相关，且 PM_{10} 和 $PM_{2.5}$ 还可能引起精子染色体的不成熟。在我国台湾地区人群中发现，$PM_{2.5}$ 浓度每增加 $5\mu g/m^3$，精子正常形态率则下降 1.29%。因此 PM_{10}、$PM_{2.5}$、NO_2、SO_2、CO 和氮氧化物都可能是"杀精"的罪魁祸首（图 8-3）。

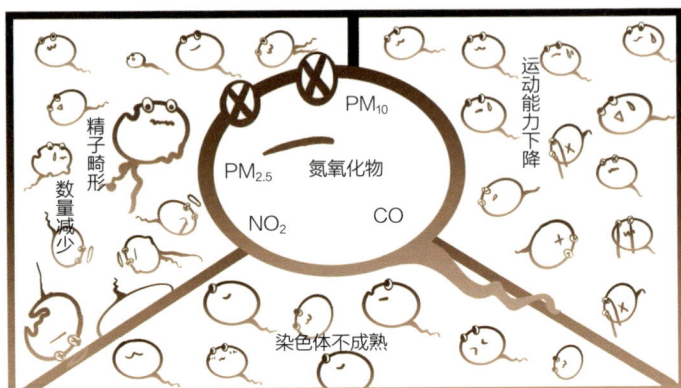

图 8-3   雾霾和精子异常

哪些人群要警惕被空气污染"杀精"？

除了普通人群，一些职业接触污染空气的人群，尤其要注意空气污染对精子质量的负面影响。国外一项研究比较了高速公路收费员与来自同一地区、年龄匹配的对照人群（职员、学生、医生等），发现收费员的平均精子运动能力、存活率以及宫颈黏液穿透能力明显低于对照人群。在接触较多空气有害物质的钢厂焦炉工人中，暴露条件更为恶劣的炉顶工人的少精症和异常精子形态比例较炉旁工人更加严重。

此外，交通警察、加油站工作人员、粉尘作业工作人员等职业人员，都要注意做好雾霾以及相关的污染物防护，降低空气污染对精子的影响。

听说有道"大门"保护"精宝宝"雾霾能穿过那道"门"吗？

在男性生殖系统，确实有一道"门"保护精子生成过程中免受有毒有害物质的侵袭和干扰，直至生长成健康的"精宝宝"。这道"门"叫作血睾屏障。

血睾屏障位于睾丸的毛细血管与生精小管之间，将生成精子的上皮分隔为含有早期生精细胞的基底室和含有发育较完全的精子细胞的近腔室，两个腔室之间的一些特殊结构，如支持细胞之间的紧密连接，能够阻止血液中的大分子物质随意进入近腔室对精子细胞造成损害，也能分隔精子细胞与机体的血液循环，防止精子抗原引起自身免疫反应。简单来讲，血睾屏障就是精子培育工厂的"大门"或"哨兵"，守卫着"精宝宝"的安全（图 8-4）。

虽然由于技术条件的限制，目前还不能确定雾霾中的主要物质颗粒物自身是否能穿透血睾屏障，直接对精

图 8-4　血睾屏障

子生成造成损害，但已有的证据还是可以确定颗粒物中的某些有害成分能够穿透跨过这道"门"。如重金属镉是雾霾颗粒中附着的有害成分，不育人群精液中镉的浓度超出正常人的 3 倍以上，镉可直接引起精子数量和运动能力降低。此外，雾霾颗粒本身即可造成血睾屏障的结构功能损伤。科学家们用小鼠开展研究，把从城市街道空气中采集的颗粒物滴注入实验动物的气管中，模拟人体吸入雾霾，处理 4 周后动物出现生育力和精液质量的下降（包括数量减少和畸形增多），同时血睾屏障细胞连接蛋白表达降低，构成血睾屏障的支持细胞也出现氧化损伤和凋亡；研究者还采用电镜观察到细胞之间的紧密连接出现了明显的分离。精子生成场所的"大门"一旦被破坏，就很容易引起后续的精子损伤。

什么是卵巢早衰？

卵巢早衰的主要表现是绝经期提前，表现为月经紊乱、激素水平异常、排卵障碍、情绪异常，甚至不孕等（图 8-5）。其中，"卵巢的储备功能"降低是重要病理机制，即卵巢内产生的卵子数量和质量降低。

图 8-5　卵巢早衰

女性在出生时卵巢内储备有 100 多万个原始卵泡，
到青春期时减至 30 多万个，育龄期女性每个月经周期
都会消耗一批卵泡，也就是丢失大约 1000 多个卵母细
胞，卵泡及所含的卵母细胞逐渐被消耗而不会"补货"，
储备越来越少，直至绝经期可用的卵泡被完全耗竭。
女性储备的卵泡数量是评价女性生育潜能的重要指标。
卵巢储备功能减退，不仅直接影响到受孕的能力，也
会影响胚胎的质量，表现为流产风险增加及子代畸形
率的增加。

雾霾会引起女性卵巢早衰吗？

雾霾中的气态污染物、颗粒物及其附着的有害成
分（如有机化学物和重金属等）都可能损害卵巢功能，
从而引起女性的卵巢储备减退甚至早衰。性激素和窦卵
泡计数等是评估卵巢储备的重要指标。研究证实，雾霾
是影响女性卵巢储备功能的危险因素。与办公室管理人
员相比，女性交通警察易出现雌二醇水平降低等卵巢功
能异常表现。$PM_{2.5}$ 浓度每升高 $2\mu g/m^3$，美国女性的窦
卵泡数目会减少 7.2%；同样，韩国不孕女性的 PM_{10} 和

$PM_{2.5}$ 暴露都与抗米勒管激素（一种用于评估卵巢储备功能的激素）比值降低有关。美国的护士健康队列研究发现，总颗粒物暴露水平与月经不规律有关。

将雾霾颗粒 $PM_{2.5}$ 滴入小鼠气管，或者将小鼠暴露在颗粒物染毒舱中，经过一段时间（3 周或 3 个月）模拟人类真实环境接触后，观察到小鼠的抗米勒管激素水平下降，各级卵泡数量显著减少，窦卵泡的死亡明显增多，而且 $PM_{2.5}$ 促进了原始卵泡进入生长过程，加速了卵巢储备的消耗。

由于原始卵泡是不可再生的，长期暴露于雾霾环境，甚至可能造成卵巢早衰，即绝经期提前，并可能增加心血管、骨质疏松以及阿尔茨海默病的风险。因此女性在生育期和非生育期都要特别重视对空气污染物的防护。

雾霾会引起内分泌功能紊乱吗？

会！这个问题已经引起了科学界和管理机构的共同关注。雾霾中很多污染物会干扰天然激素的合成、分泌、运输、结合、代谢等过程，引起内分泌功能紊乱，最终对生物体的神经、免疫、生殖和发育造成损害。例如，吸入汽车尾气或颗粒物可以干扰下丘脑 - 垂体 - 性腺轴的功能，导致性激素的紊乱。

性激素分泌异常是生育力下降的直接原因。研究显示，女性交通警察的血清雌二醇水平明显低于办公室管理人员，而男性警察的促黄体生成素和卵泡刺激素水平则出现升高；波兰男性不育人群的 PM_{10}、$PM_{2.5}$、NO_2 和 CO 暴露损害精子同时，睾酮水平也出现显著下降。动物实验显示，长期柴油尾气和大气颗粒物暴露后均造成性激素紊乱；直接暴露于 $PM_{2.5}$ 引起雄性动物的睾酮水平下降而卵泡刺激素水平升高，雌性动物的雌二醇水平及雌激素受体的表达受到抑制。这些都是雾霾引起内分泌紊乱的证据。

引起内分泌功能紊乱的雾霾成分和来源是什么？

已经证实，雾霾中的多种成分具有内分泌干扰效应，如邻苯二甲酸酯、多环芳烃、溴代阻燃剂、杀虫剂、二噁英、全氟化学品及多种重金属等。这些有毒成分可来源于城市固体废物的燃烧、汽车尾气、农药喷洒、燃烧活动、合成化学品的挥发、空气清新剂、发胶、化妆品等。由于其挥发/半挥发性质，污染物能够以气溶胶、灰尘和微粒的形式释放到大气中，得以在环境中持久存在，甚至可通过"蚱蜢跳效应""全球蒸馏效应"进行长距离迁移，最终通过职业和生活接触进入人体，引起内分泌紊乱并导致人类的生殖危害（不孕不育、自然流产、出生缺陷等）和发育异常（生殖器畸形、性早熟等）。

以塑化剂邻苯二甲酸酯为例，这是一种加入各种塑料制品中改善性能的添加剂，在聚氯乙烯塑料产品、建筑材料、玩具、服装和个人护理用品中都有使用。通常与聚合物成分呈非共价结合，因而很容易分离释放入环境，在室内和室外空气的气相和颗粒物中都能被检测到。塑化剂可以影响下丘脑、垂体以及外周组织的激素生成和调节，出现雌二醇、睾酮、卵泡刺激素等性激素分泌的异常；孕期接触可以造成子代甲状腺激素等的异常，引起生长发育延迟及睾丸发育不全综合征等。长期暴露则可能影响男、女的性成熟，造成发育的提前或推迟。

由此可以看出，由于雾霾中包含的多种化学成分具有内分泌干扰效应，长期吸入雾霾空气可以造成人体的内分泌紊乱，尤其是在个体的某些特殊阶段，如青春发育期和孕期。对雾霾暴露可能引起的深远损害不容小觑。

雾霾引起不孕不育，听说和遗传物质有关，会遗传吗？

的确，这种可能性是存在的。DNA 是生命体最主要的遗传物质。DNA 分子结构具有相对稳定性，能够进行自我复制，通过细胞分裂增殖将遗传信息传递到下一代的细胞或个体。然而这种稳定性并非一成不变的，在受到机体内、外环境因素的影响下，遗传物质结构和信息会发生改变，造成遗传突变，也称为基因突变。如果基因突变发生在精子和卵子这类生殖细胞，可引起受精卵或胚胎的早期死亡，表现为不孕不育或自发流产、死胎等。

虽然对于雾霾引起的不孕不育是否可以遗传尚不可知，但多项研究表明雾霾可以造成精子卵子的遗传物质损伤，会引起下一代发生疾病，包括遗传性疾病。颗粒物、柴油尾气等空气污染物与精子的畸形增多有着密切关系。吸入钢铁厂或高速公路附近空气的小鼠，其后代的基因突变频率增加 1.5～2 倍，并且这种遗传下来的突变可能主要来自于父亲的生殖细胞。研究者还发现，雾霾中的污染物引起了精子的多种遗传损伤，包括 DNA 突变频率增加，DNA 链断裂和甲基化水平升高，并且精子的 DNA 突变和甲基化损伤在离开空气污染环境后还持续存在。还有人群研究发现，$PM_{2.5}$ 浓度与精子的 Y 染色体和 21 号染色体增多有关，表明雾霾可以引起人类精子染色体数目的异常，可能是下一代发生遗传疾病的危险因素。

由于女性的卵细胞采样和检测相对较为困难，雾霾等空气污染物是否造成人类女性卵细胞的 DNA 损伤还没有明确的结论。但已有研究发现，在空气污染较为严重的墨西哥城，高 PM 污染季节的孕妇外周血和脐血的淋巴细胞微核率显著升高，提示女性的生殖细胞遗传物质也可能受到影响。PM_{10} 处理可抑制卵母细胞的增殖、成熟，引起 DNA 断裂，干扰细胞的染色体排列及纺锤体的定向移动功能，表明颗粒物可能直接损害女性生殖细胞的遗传物质。而大气颗粒中附着的一些有机污染物，如石化燃料不完全燃烧生成的多环芳烃物质，甚至可以引起小鼠暴露后的雌性子代出现卵母细胞的发育异常、纺锤体组装和染色体排列的异常，表明大气污染物引起的卵细胞遗传物质损害还可能传递到下一代。

以上资料充分说明，雾霾等空气污染物是引起生殖细胞 DNA 损伤、造成子代遗传病发病增加的主要危险因素。为了下一代的健康，准爸爸准妈妈们不要等到孕期时才关注胎儿的健康。要知道，精子和卵子的产生都需要一定的时间，需要尽早避免接触污染环境，这样才能为孕育下一代贡献出优质的生殖细胞。

（敖　琳）

第9章 霾之畸：雾霾与不良妊娠

什么是不良妊娠结局？我国常见的不良妊娠结局有哪些？

我们在新闻上常能看到"某医院成功救治26周早产宝宝""某孕妇30周胎停"等报道，上述所提到的早产和胎停等都属于不良妊娠结局。那么，不良妊娠结局究竟指的是什么呢？具体来说，不良妊娠结局是指妊娠后不能产生外观和功能正常的子代，包括流产、死胎、死产、宫内生长迟缓、出生缺陷、新生儿和婴幼儿期死亡等。广义上讲，不良妊娠结局还包括与妊娠、分娩相关的孕产妇并发症，如产后出血、子宫切除和孕产妇死亡等。

据国家卫健委统计显示，流产、死胎、早产和出生缺陷是我国最为常见的不良妊娠结局。出生缺陷是指婴儿出生前即已形成的发育障碍，包括畸形和功能缺陷，常见的有先天性心脏病、唇腭裂、尿道下裂、隐睾症和低出生体重等。我国出生缺陷的发病率约 5.6%，由于人口基数大，每年新增出生缺陷病例总数约 90 万例，其中出生时临床明显可见的出生缺陷约有 25 万例。这些出生缺陷不但严重危害儿童生存和生活质量，影响家庭幸福和谐，也会造成巨大的潜在寿命损失和社会经济负担。

雾霾与哪些不良妊娠结局有关？

虽然准妈妈及胎儿是雾霾暴露的敏感人群，但是相比于雾霾的呼吸系统危害，雾霾对妊娠结局的影响研究起步相对较晚。20 世纪末，欧美国家率先进行了雾霾暴露与不良妊娠结局关系的流行病学调查，随后包括我国在内的多个国家也陆续开展了相应的人群研究。目前多数的流行病学调查显示，雾霾的暴露与流产、早产、出生体重异常（低出生体重或巨大儿）、先天性心脏病及神经管畸形等有关。同时，不少动物研究也发现雾霾中的某些组分（如 $PM_{2.5}$ 等）的暴露可引起实验动物的早产、低出生体重等不良结局（图 9-1）。由此可见，雾霾是不良妊娠结局的重要危险因素之一。

图 9-1　雾霾与不良妊娠结局

什么叫流产？雾霾与流产之间的关系如何？

临床上，妊娠于 28 周前终止，胎儿体重少于 1000g，称为流产，包括自然流产和人工流产。以自然流产为例，我国自然流产率为 10%～15%，导致自然流产的原因包括遗传缺陷、胎盘功能不足、免疫因素和环境暴露因素等。

有来自全球多个国家的证据，支持雾霾暴露与自然流产风险的相关性。伊朗的一项研究表明，急性暴露于雾霾中 SO_2 等空气污染物与自然流产之间存在显著关联。我国天津的一项调查显示，妊娠第 14 周的胎儿丢失与妊娠第一个月的高浓度 SO_2 暴露密切相关。无独有偶，蒙古的研究人员也发现雾霾中的 SO_2、NO_2、PM_{10} 和 $PM_{2.5}$ 与自然流产之间存在强烈的剂量 - 反应关系。研究人员对意大利八家医院的病历进行整合后发现，每月自然流产率与雾霾中 PM_{10} 和 O_3 的浓度显著相关，且 PM_{10} 和 O_3 浓度每增加 $10\mu g/m^3$，自然流产率分别增加 19.7% 和 33.9%。不仅如此，研究人员还发现，在怀孕前短暂接触高浓度 PM_{10} 也会显著增加自然流产的风险。这些结果说明，孕前及孕期的雾霾暴露都可能会增加自然流产率（图 9-2）。孕妈妈们，特别是有自然流产史的孕妈妈们，为了宝宝的健康，一定要做好防护雾霾的工作。

图 9-2　雾霾与流产

什么是早产？雾霾暴露会引起早产吗？

根据世界卫生组织的定义，妊娠满 28 周至 37 周前胎儿娩出称为早产。《早产儿全球报告》显示，全球每年约有 1500 万以上早产儿，其中我国早产儿数量居世界第二。早产及其并发症是五岁以下儿童的主要死亡原因之一。虽然不少孕妈妈在怀孕后都期待与宝宝早日见面，但是在提起早产的时候总会心有余悸，都希望自己的宝宝能踩着点儿准时报到。

关于孕期雾霾暴露与早产的研究有很多报道。西班牙的研究人员对 785 名孕妇的个体暴露及妊娠时间进行分析发现，在怀孕 3~5 个月期间暴露 SO_2 和 NO_2 后，妊娠时间明显缩短，早产概率上升。我国浙江省的一项统计调查也显示，雾霾中的 $PM_{2.5}$、SO_2、NO_2、CO 和 O_3 在环境中的浓度每上升 $1\mu g/m^3$，都会不同程度地增加新生儿早产的风险，且孕早期的雾霾有害物质的暴露对于早产风险的影响明显高于孕中期和孕晚期。最近的一项 Meta 分析综合了中国、印度、撒哈拉以南非洲和南美洲的多项研究数据后发现，孕期环境 $PM_{2.5}$ 浓度每增加 $10\mu g/m^3$，早产风险会增加 12%。由此看来，孕期雾霾暴露是早产的重要危险因素之一（图9-3）。孕妈妈要尽量避免或减少在雾霾环境中的活动时间，有早产史的孕妈妈更需要做好防护措施。

图9-3　雾霾与早产

什么是低出生体重儿？低出生体重与准妈妈的雾霾暴露有关吗？

新生儿的体重是衡量宝宝生长发育的一项重要指标，宝宝们出生时的平均体重一般约3000g（6斤）。甚至有研究指出，宝宝的出生体重越接近6.6斤这个"黄金数值"越聪明！但是在实际测量的时候，宝宝们的身长基本统一，体重却千差万别。低出生体重儿是指不论胎龄大小、成熟程度，出生时体重不足 2500g 的婴儿。低出生体重儿一般包括胎龄小于 37 周的早产儿、胎龄为 37～42 周的足月小于胎龄儿，以及胎龄在 42 周以上的胎盘功能不全的过期产儿。低出生体重儿围生期和婴幼期疾病的发病率和死亡率都比正常体重儿高，且成年期 2 型糖尿病、高血压、冠心病及神经系统疾病等慢性疾病的发病风险也较高。因此，预防低出生体重具有重要的现实意义。

那么，雾霾的暴露会增加胎儿低出生体重的发生风险吗？实际上，早在 30 年前，捷克的研究人员就发现低出生体重与孕妈妈的 SO_2 暴露相关。随后，欧美各国的多项调查发现，不仅 SO_2，孕妈妈的 $PM_{2.5}$、PM_{10}、CO 和 NO_2 的暴露均与新生儿体重降低有关。近几年，我国苏州、广州、上海、浙江等多个城市和省份也进行了相关的人群调查研究，结果发现胎儿低出生体重与孕期的 $PM_{2.5}$、PM_{10}、SO_2 和 NO_2 等雾霾污染物的暴露均有不同程度的相关性。其中，来自浙江省的分析显示，当整个孕期暴露的 $PM_{2.5}$、SO_2、NO 和 O_3 浓度每上升 $1\mu g/m^3$ 时，新生儿的出生体重将分别减少 11.2g、14.0g、

17.9 g 和 23.3 g。此外，多国研究人员还对孕期不同阶段的雾霾暴露与低出生体重的关系进行过探索，但不同地区的研究结果并不一致。有些地区的研究显示孕早期的暴露对低出生体重的影响大于孕期其他阶段，而另一些地区的调查则发现孕中期或孕晚期的暴露对于低出生体重的影响更大。不管如何，我们确信孕妈妈们的雾霾暴露是低出生体重的主要危险因素之一，孕期的防霾工作不容小觑。

什么是巨大儿？现在巨大儿越来越多，和雾霾天气有关吗？

随着生活水平的提高，越来越多的孕妈妈们娩出胖嘟嘟的巨大儿。在我国，巨大儿是指在任何孕周体重达到或超过 4000g 的新生儿，欧美国家则定义为体重达到或超过 4500g 的新生儿。然而，这些胖嘟嘟巨大儿往往会增加母婴的近期和远期并发症，严重威胁孕产妇及新生儿的生命、健康发育及后期生活质量，可能给家庭带来精神和经济的双重负担。

导致巨大胎儿的原因有很多，比如孕妈妈肥胖、妊娠合并糖尿病，产妇营养过剩，孕期体重增加过多，父母身材高大或某些遗传原因等。但也有少量的研究显示，孕妈妈们的雾霾暴露与巨大儿的发生有某种联系（图 9-4）。2010—2012 年是我国雾霾污染较为严重的时期之一，研究人员发现在这段时期内，巨大儿出生率明显上升，而且 $PM_{2.5}$ 浓度与巨大儿风险之间存在非线性的剂量 - 反应关系。随后，在我国盐城和西安等地区的研究陆续发现，不仅 $PM_{2.5}$，孕期的 PM_{10}、SO_2、NO_2 和 O_3 的暴露也与巨大儿的出生存在不同程度的关联，但不同雾霾组分的暴露敏感期不同，$PM_{2.5}$ 和 NO_2 增加巨大儿发生风险的敏感窗口主要在孕晚期，而 O_3 导致的巨

图 9-4　雾霾与巨大儿

大儿发生风险的敏感窗口则在孕早期和孕中期。

何谓神经管畸形和先天性心脏病？与雾霾暴露有关吗？

神经管畸形和先天性心脏病是我国常见的两类严重出生缺陷，前者是早期胚胎发育过程中神经管闭合不全所引起的中枢神经系统畸形，主要表现为无脑畸形、脑膨出、脊柱裂、脊髓脊膜膨出等；后者是一组复杂的心脏解剖学畸形，包括房室间隔缺损、肺动脉狭窄、法洛四联症、动脉导管未闭、二尖瓣闭锁不全等。这两种缺陷通常都是遗传和环境等因素相互作用的结果。孕妈妈们在怀孕期间会进行多次的 B 超检查，主要目的就是检查宝宝是否存在结构上的缺陷，以便及时制定干预措施。

目前，关于雾霾污染与上述两种出生缺陷是否有关的人群证据虽不多，但研究结论较为一致。一项在我国台湾地区的研究显示，孕妈妈们早期的 $PM_{2.5}$ 暴露与胎儿房室间隔缺损、心内膜垫缺损、肺动脉和瓣膜狭窄等显著相关。针对辽宁省 14 个城市的神经管畸形病例的调查也显示，孕妈妈们怀孕前三个月以及孕早期暴露高

浓度 PM_{10} 与神经管畸形发生风险增加呈正相关。不仅如此，多项 Meta 分析的结果也显示雾霾中 PM_{10}、$PM_{2.5}$ 和 O_3 的孕期暴露，特别是孕早期暴露，会增加胎儿罹患先天性心脏病和神经管畸形的风险。

由此看来，雾霾的确是神经管畸形和先天性心脏病等出生缺陷发生的危险因素。由于胎儿器官的发生和发育主要在孕早期，因而孕早期也成了雾霾诱发出生缺陷的敏感期。因此，孕妈妈们尤其是在怀孕早期阶段，一定要注意做好防霾措施，同时，要按照医嘱定期检查宝宝发育情况，早发现早干预。

什么是出生性别比？雾霾暴露会引起出生性别比失衡吗？

"是男孩还是女孩""是小棉袄吗"……这应该是产房门口经常能听到的话语，宝宝的性别牵动着全家的心。不仅如此，各个国家每年也都会进行出生人口性别比的统计与分析。出生性别比，顾名思义，是指活产男婴数与活产女婴数的比值，通常用女婴数量为 100 时所对应的男婴数来表示。正常情况下，出生性别比保持在

102～107，一旦失衡可能会带来一系列的社会问题。

关于雾霾暴露与新生儿性别的研究虽然很少，但都出现了女婴的出生率随着雾霾污染增加而上升的现象（图9-5）。例如，对巴西圣保罗地区2000－2007年间出生的婴儿性别与同期环境PM_{10}浓度的分析显示，PM_{10}浓度与男婴出生率呈显著负相关，而与女婴出生率呈正相关。在当地进行的另一项调查显示，受孕前暴露NO_2和PM_{10}与女婴出生率增加有关，NO_2和PM_{10}的浓度每增加1个单位，生女儿的概率将会上升8%和14%。

遗传学上来说，胎儿的性别主要由父亲决定。性别比失调产生的原因可能是受孕前的雾霾暴露对特定染色

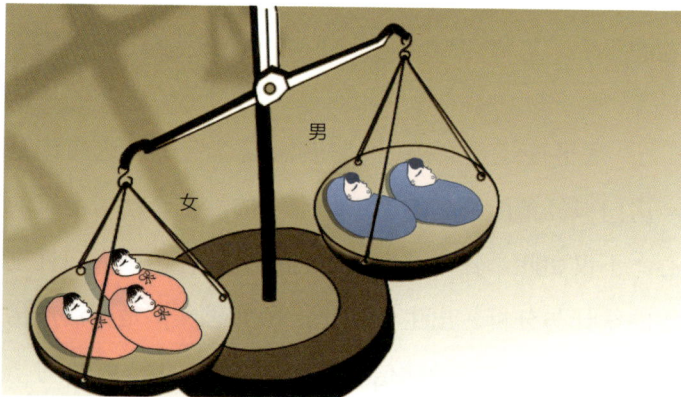

图9-5 雾霾与出生性别比

体的精子具有显著的影响，可能是 X 染色体精子，也可能是 Y 染色体精子。一项波兰的流行病学研究也佐证了这一点，该研究发现暴露 PM_{10} 会引起男性精液中携带 Y 染色体精子的比例显著下降。此外，性别比失调的另一个可能原因是不同性别胚胎的敏感性不同，受雾霾影响后可能引发性别差异性的流产等。

雾霾暴露对婴儿性别的影响是一个非常有趣的话题，虽然目前有少量研究显示雾霾暴露可能会增加女婴的出生率，但仍需要更多的研究来验证和支持这一潜在现象。

孕期哪个阶段的雾霾暴露危害较大？

回答这个问题前，我们有必要先了解下孕期的划分及特点。医学上把孕期分为三个阶段，也就是通常说的早、中、晚期。孕早期指的是怀孕第 1 周到 12 周，对应的月份是孕 1～3 个月；孕中期指的是孕 13 周到孕 27 周，对应的月份是 4～7 个月；孕晚期是指怀孕 28 周起到 40 周分娩结束，对应的月份是 8～10 个月。孕早、中、晚期胎儿发育有各自的特点，孕早期主要是受精卵的着床和器官形成，孕中、晚期以胎儿的组织分化、生长和生理学成熟为主。因此，孕期不同阶段暴露环境污染物对胎儿和孕妈妈的影响也会有所差异。

目前从各个地区的研究报道来看，孕早期的雾霾暴露可能会增加早期流产和胎儿畸形（如神经管畸形、先天性心脏病和腭裂等）的发生风险；而孕中、晚期的雾霾暴露则与早产和低出生体重等不良妊娠结局的关联更密切。可见，孕期不同阶段的雾霾暴露都可能诱发不良妊娠结局，并不存在绝对安全的暴露阶段。作为雾霾暴露的敏感人群，我们建议孕妈妈在怀孕全程、甚至备孕时就要尽量减少雾霾暴露，将雾霾对宝宝和孕妈妈的不良影响降到最低。

避免孕期雾霾暴露，就可以预防雾霾造成的不良妊娠结局吗？

不完全对！备孕期间以及孕期不同阶段的雾霾暴露都可能诱发不良妊娠结局，并不存在绝对安全的暴露阶段。因此，备孕期（一般为孕前3～6个月）和孕期都要做好防霾工作。

整个孕期宝宝都在妈妈肚子里，是不是只要准妈妈做好雾霾防护就可以了？

错！备孕是高质量妊娠的重要因素。不生无备之娃，备孕不是准妈妈一个人的事，准爸爸们的备孕也相当关键呢。这是因为某些不良妊娠结局的产生与准爸爸们的不良环境暴露有重要关联。从机制上来看，主要是由于环境因子造成了雄性生殖细胞或者说是精子的异常。

目前，虽然未见关于准爸爸们的雾霾暴露与不良妊娠结局的人群调查报道，但针对不同国家男性精子质量与雾霾暴露的流行病学调查显示，雾霾的暴露会在一定程度上影响男性的精子质量。雾霾暴露的增加不仅与男性精子数量和活力的降低有关，还与精子形态及染色质异常有关。科学家们进行的动物研究表明，雾霾的暴露会引起小鼠和大鼠睾丸支持细胞的凋亡、睾酮的分泌抑制和精子数量及活动能力的降低，雾霾暴露导致的睾丸组织炎症、氧化应激、内质网应激及下丘脑 - 垂体 - 性腺轴的抑制可能是其中的重要机制。由此看来，雾霾暴露可能通过多种途径诱发男性及雄性动物的精子发生异常，导致精子数量及质量的降低，而这可能会进一步影响受精、着床和早期胚胎发生及发育，从而增加不良妊娠结局的发生风险。所以说，准爸爸们必须一起参与到备孕期间的雾霾防护中来。

可以从哪些环节入手避免雾霾诱发的不良妊娠结局，生出健康宝宝？

为了促进优生优育，我国已经制定了一系列措施。以出生缺陷为例，我国一直在积极推进出生缺陷的三级预防工作。首先，做好一级预防，主要是通过婚前医学检查、健康教育、孕前优生健康检查，增补叶酸预防神经管缺陷等措施来把好第一道关，尽可能避免出生缺陷的发生。其次，积极推进二级预防，提高产前筛查和诊断能力，制定医疗机构开展产前筛查和产前诊断的技术标准和相关的规范及指南，提高产前筛查的普及率，做到应查尽查。此外，保障三级预防，即新生儿的疾病筛查，目前主要包括新生儿遗传代谢病的筛查和新生儿听力障碍的筛查，对发现有代谢或听力障碍的孩子及早地进行干预和康复。"十四五"期间，国家卫健委将联合相关部委加大出生缺陷防控的科研攻关力度，将对更多的科研成果和科学技术进行转化，共同推进出生缺陷防控工作。

　　探明不良妊娠结局的影响因素，制定针对性的预防措施，可以大大降低不健康宝宝的出生率。针对雾霾引起的不良妊娠结局，除了严格做好以上三级预防之外，尤其要注意备孕期间准爸爸和准妈妈，以及怀孕期间准妈妈的雾霾防护。

（李　冉）

第10章 霾之危：雾霾与儿童健康

为什么雾霾更容易危害儿童健康？

儿童不是简单的小大人，其生理及功能与成人存在很大的不同，因此儿童健康更易受到雾霾的影响。例如，儿童的身高相对较矮，更容易接近汽车尾部和地面的扬尘，暴露的机会远高于成年人；儿童单位体重的进食、饮水和呼吸量与成年人有明显差别，儿童的呼吸频率和心率较快，因此儿童每小时的呼吸量甚至高于成年人；儿童的户外活动也普遍多于成年人，因此儿童会比成年人吸入更多的雾霾（主要成分：$PM_{2.5}$）；儿童的体表面积和体重之比要大于成年人，吸入及皮肤接触 $PM_{2.5}$ 后进入身体内的有毒物质浓度会高于成人；儿童发育过程中的自身免疫力通常要低于成年人，往往不能及时清除体内的有毒有害物质。

因此，在同样的雾霾外暴露情况下，儿童与成人的内暴露水平有较大的差异。更为重要的是，儿童的呼吸道非常娇嫩、脆弱。婴幼儿没有鼻毛，鼻腔的长度和弯曲度均小于成年人，在吸入雾霾等有害物质时，既没有鼻毛过滤，也因为直通的气道，使得气流畅通无阻。更为重要的是，儿童的组织器官尚未发育成熟，对环境污染物的暴露更加敏感；并且，儿童呼吸道免疫力低于成年人，吸入雾霾会刺激儿童的呼吸道黏膜，引起呼吸系统疾病的发生，雾霾中的可吸入颗粒及细菌被吸入到肺中，也会进一步诱发呼吸道感染及过敏等疾病。

雾霾与哪些儿童健康问题有关？

儿童的呼吸道尚未发育成熟，雾霾中含有的污染物和有害有毒物质进入儿童体内，刺激其呼吸道黏膜，甚至进入到肺泡并在体内蓄积，且细菌、病毒等可随着雾霾中的可吸入颗粒物进入呼吸系统，诱发肺炎、支气管炎、哮喘、流鼻涕、咽痛等呼吸道疾病和症状，增加儿童发生哮喘、过敏性鼻炎和特异性皮炎的风险。

短期雾霾暴露易引起轻度儿童异常行为，长期暴露可能会影响儿童的注意力、记忆、语言、感知、意识、决策和解决问题的能力，与儿童自闭症、孤独症谱系障碍、多动症等行为问题风险增加有关（图 10-1）。

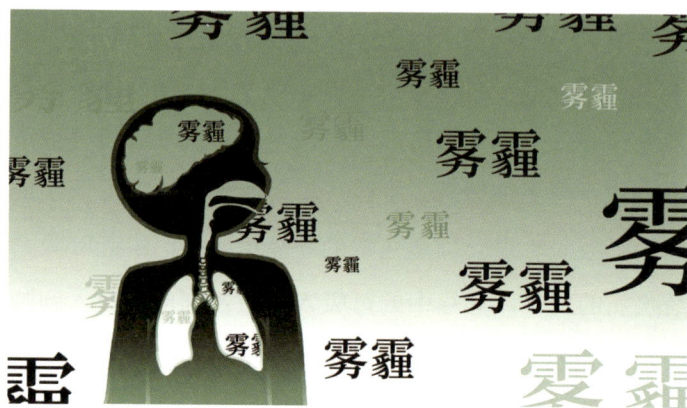

图 10-1 雾霾对儿童健康的影响

此外，雾霾与儿童胰岛素抵抗、B 细胞功能减退、肥胖和儿童高血压的发生存在关联。儿童时期暴露于雾霾的不良健康影响还会增加儿童成年后发生肥胖、高血压和糖尿病等疾病风险。

雾霾是否导致儿童肥胖？

雾霾与儿童肥胖存在关联，并且出生前的胚胎期暴露和出生后的个体暴露均有影响。环境流行病学研究发现，怀孕的准妈妈（出生前胚胎期暴露）吸入雾霾可能会增加后代出生后患上肥胖症的风险。母亲怀孕时，空气污染最严重地区出生的儿童肥胖率是清洁空气地区出生儿童肥胖率的 2.3 倍。

　　雾霾直接暴露还会对脂肪形成及堆积产生一定的作用。与吸入清洁空气的小鼠相比，吸入汽车尾气的小鼠，10 周后腹部和内脏脂肪更厚，脂肪细胞增大 20%，且对胰岛素更不敏感。这是由于空气污染物会诱导机体出现炎症反应，从而干扰和食欲有关的激素水平，扰乱身体正常消耗能量的能力。

儿童长不高，和雾霾有关吗？

　　尽管儿童的身高主要由遗传因素决定（取决于父母身高），但是雾霾也是影响儿童身高的一个重要环境因素。研究发现，$PM_{2.5}$ 暴露与胎儿宫内股骨长的降低有显著的关联；不仅如此，孕期及出生后 $PM_{2.5}$ 的暴露也与儿童身高的降低有关。雾霾的暴露，可能会导致宫内炎症及氧化应激，进而导致胎儿宫内及儿童期体格生长不良。此外，$PM_{2.5}$ 上附着的一些有害物质，如重金属、有机污染物，也常与儿童身高降低有显著关联。雾霾暴露还可以抑制食欲，影响孕妇或者儿童营养的摄入，进而导致儿童身高的降低。

雾霾会对儿童智力发育产生影响吗？

儿童在生长发育的过程中，中枢神经系统也在不断地发展构建，细胞的增殖、迁移和分化必须遵循一套严格的流程，才能确保大脑的结构正确、功能正常。因此，儿童的大脑对外界环境因素极为敏感，一旦受到侵害，后果往往比成年人更加严重。儿童期暴露于雾霾等不良环境因素，细胞的增殖或者迁移受到影响，可能会引起中枢神经系统的功能和（或）结构异常，导致永久性的缺陷。多项研究显示，学生的学业成绩及智力发育都和当地的空气污染水平有关。即便是轻度雾霾，也会对脑部造成损伤，对于发育中的儿童大脑，雾霾的危害更大。研究证实雾霾暴露会造成脑形态学上的变化、重要认知功能（如学习记忆功能、注意力等）的损伤，甚至影响智商。

有研究发现，来自汽车尾气的磁铁矿微粒会富集在大脑中，因为它们的直径小于200nm，因此可以通过嗅觉神经直接进入大脑，并且可以自由穿越血脑屏障；雾霾的主要成分$PM_{2.5}$还可以通过血液进入大脑。进入大脑的$PM_{2.5}$以及$PM_{2.5}$上附着的有毒有害物质，不仅会直接损害神经元，还会激活大脑中的免疫细胞（小胶质细胞），导致炎症的发生。大脑的慢性炎症往往与各种神经退行性疾病有紧密的关联。

另外，甲状腺激素是儿童智力发育中最为关键的激素之一，研究发现雾霾可以改变孕妇和胎儿甲状腺激素的水平，进而对儿童智力发育产生不良影响。

年龄越小，雾霾的影响越大吗？

人体接触雾霾的主要途径有呼吸道、皮肤和胃肠道等（图 10-2），其中最为主要的接触途径是呼吸道吸入。人体的呼吸道对于外界的物质有着相应的保护屏障：可分为物理屏障、体液屏障和免疫屏障，由人体相应的组织结构、细胞及其分泌的活性物质共同构成，抵御包括雾霾、病菌等的入侵。

儿童处于生长发育的阶段，其呼吸道结构和功能还未发育完善，保护屏障功能还不健全，防护和抵抗能力较弱，因而，雾霾等有害物质较容易侵入儿童体内，产生健康危害。总体而言，儿童年龄越小，屏障功能越弱，越容易受到雾霾的危害；随着年龄的增加，儿童发育逐渐完善，雾霾暴露对儿童的影响逐渐降低。

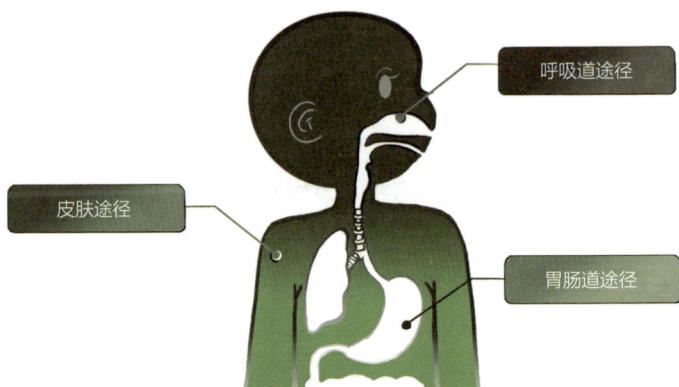

图 10-2　儿童接触雾霾的主要途径

儿童过敏性疾病和哮喘发病率升高是否与雾霾天气相关？

　　由于免疫系统发育尚不成熟，儿童更易发生过敏性疾病，常见的过敏性疾病包括过敏性鼻炎、哮喘、湿疹、食物过敏等。近些年儿童过敏性疾病的患病率逐年上升，严重影响了儿童健康，给家庭也带来了沉重的负担。

　　儿童的呼吸系统尚未发育完全，缺乏鼻毛的过滤等因素使其在雾霾等污染物面前更加脆弱。雾霾进入呼吸道后可引起氧化应激，造成气道上皮损伤。此外，儿童免疫力低于成年人，吸入雾霾会刺激儿童的呼吸道黏膜，引起炎症，诱导免疫反应，导致呼吸道及机体对过敏原等更加敏感。对现有研究的总结归纳发现，对于儿童群体，$PM_{2.5}$ 可以增加 9% 过敏性鼻炎的发病风险及 3% 哮喘发病风险，PM_{10} 可以增加 6% 过敏性鼻炎的发病风险及 5% 哮喘发病风险，且由于粒径更小等原因，$PM_{2.5}$ 对儿童过敏性疾病的影响大于 PM_{10}。

雾霾是否对儿童情绪产生影响？

雾霾天会影响儿童的情绪，且与儿童抑郁症状存在关联。因为雾霾天气阴霾沉沉，太阳昏黄阴暗，儿童会分泌出较多的松果体素，使得甲状腺素、肾上腺素的浓度相对较低。甲状腺素、肾上腺素等是唤起细胞工作的激素，一旦减少，细胞就会"偷懒"，变得极不活跃，幼儿也就会显得无精打采。目前，国内外多位学者均发现雾霾对儿童情绪有影响，并且雾霾与儿童抑郁症之间存在关联，长期暴露于 $PM_{2.5}$ 会增加青少年的违法行为。儿童各种身体功能、免疫能力都没有成人完善，故很容易受到环境因素的影响。家长可选择空气清新、阳光明媚的日子，多带孩子出门散心，并做好防护。

雾霾是否与儿童自闭症的发生发展有关？

儿童自闭症是一种神经发育障碍，自闭症的孩子在 6—24 月龄会呈现出自闭迹象。在国内，正式确诊一般要到 3 岁左右。由于自闭症的成因复杂，尚未研究透彻。一致的共识是，幼儿大脑更容易受到雾霾颗粒物影响，大脑功能和免疫系统都将受波及。目前国内外已有多位学者发现雾霾中的污染物与儿童自闭症的发生有关，长期暴露于污染空气的幼儿更容易罹患自闭症。其中主要为 $PM_{2.5}$、二氧化氮这两种物质的影响。例如，随着雾霾中 $PM_{2.5}$ 浓度升高，儿童患自闭症谱系障碍的概率上升。因此，为了儿童健康成长，各位家长需做好儿童雾霾防护。

雾霾与其他空气污染物能同时影响儿童健康吗？

雾霾中的主要成分包括氮氧化物、二氧化硫和可吸入颗粒物。

可吸入颗粒物是悬浮在空气中的固体和液体颗粒的混合物，常见的有 PM_{10} 和 $PM_{2.5}$。颗粒物与上呼吸道和下呼吸道疾病或症状有关，包括咳嗽、咳痰、肺功能下降、哮喘加重、支气管炎和呼吸道感染的发病率增加以及呼吸系统炎症反应增加等。

雾霾中的二氧化氮主要来自机动车排放、供暖和发电等过程，也是一种常见的室内空气污染物，与儿童急性和慢性呼吸道疾病的发病率增加、儿童肺功能降低和哮喘加剧有关。雾霾中的二氧化硫会影响儿童呼吸系统和肺部功能，并对眼睛造成刺激。

臭氧也是主要的空气污染物，主要来源于城市地区的工业和机动车辆的氮氧化物和碳氢化合物在太阳光作用下形成的一种强氧化剂。一旦吸入呼吸道，臭氧会导致脂质过氧化，产生活性氧和臭氧氧化产物，加速肺部炎症，并进一步对呼吸系统造成伤害。

事实上，我们是处在空气污染物混合暴露的环境中。雾霾与其他空气污染物能同时影响儿童健康，且可能存在相加或协同效应（图 10-3）。防霾要做到全方位防护，才能切实保护儿童健康。

科学家如何评估雾霾对儿童健康的影响？

雾霾主要由二氧化硫、氮氧化物和可吸入颗粒物等

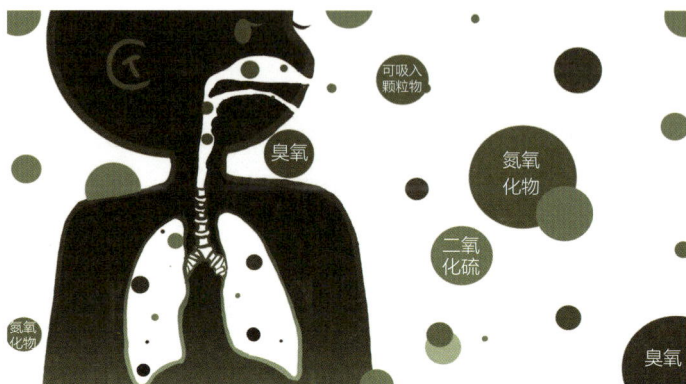

图10-3　影响儿童健康的雾霾物质

组成，严重危害儿童健康。在评估环境对儿童健康影响时，需要宏观与微观相结合，人群调查与实验室研究相结合。因此，科学家主要运用环境毒理学和环境流行病学的手段对雾霾与儿童健康进行研究，并对其健康风险进行评估，提出风险管理策略。

　　首先，基于儿童发育特点和雾霾特征，确定儿童是雾霾的易感人群，对影响儿童健康的雾霾及组分进行危害鉴定，明确主要的毒性效应；进一步基于动物实验和人群证据进行雾霾暴露影响儿童健康的剂量 - 反应关系评定，并从基因水平、转录水平或蛋白水平发现雾霾毒效应的关键机制通路，为防治策略提供早期生物标志；

进而监测儿童群体的雾霾真实暴露水平，结合危害特征评定，提出雾霾相关的环境空气质量基准 / 标准，为污染防控提供科学依据，切实降低儿童疾病负担，推动政府相关部门制定宏观防治策略和措施保护易感人群健康。

儿童在室内或户外活动时需注意哪些问题？

雾霾中含有多种有毒有害物质，与儿童过敏性疾病、肥胖、心血管系统损伤等有关，会对儿童身心健康造成严重危害。因此为了预防和减轻雾霾对儿童健康的影响，家长和老师要提醒孩子注意以下几点：①雾霾天气时尽量减少外出，外出需给儿童佩戴儿童防雾霾口罩。保证口罩与脸部紧密贴合，尽量保持鼻部呼吸，减少颗粒物吸入。②平时注意锻炼，增强抵抗力。但要结合空气质量指数制订体育活动计划，雾霾天气尽可能进行室内运动且运动强度不宜过大；避免在室外剧烈运动，减少因为呼吸量的增加吸入更多的雾霾。③雾霾天从室外归来注意洗脸、漱口、清理鼻腔，推荐使用温水清洗脸部，使用生理盐水清洁鼻腔。④雾霾天减少室内开窗时间，同时注意通风。可考虑在中午阳光、紫外线最强时开窗通风，避免污染严重的早晚时段通风。⑤雾霾天气室内可使用空气净化器，有条件可安装全屋新风系统保护儿童健康。可使用加湿器增加空气湿度，减少空气中悬浮的颗粒。在重污染时注意清洁室内环境，尽可能用湿拖把、湿抹布擦家具、地板，打扫吸附家具地板上的灰尘与颗粒物。⑥由于雾霾天日照减少，儿童紫外线照射不足，会造成体内维生素 D 合成不足，从而影响钙的吸收，因此儿童可在雾霾天时适量补充维生素 D。另外应多饮水，加快代谢，多吃蔬菜水果，少吃刺激性食物。

儿童防雾霾口罩应该如何选购？

除了常规的口罩选择要点（见第 11 章）之外，选购儿童防雾霾口罩时要充分考虑儿童的生理特征，注意以下几点。

（1）选材要安全：在儿童口罩的选择上，以舒适、透气的纯棉材料为佳。谨慎对待一些安全性无从考证的产品（如硅胶口罩）。

（2）口罩大小要合适：儿童的脸较小，口罩太大的话包不住孩子的脸，病菌从缝隙中钻进来，从而进入到孩子的呼吸道。所以需要根据孩子的年龄来选择合适大小的口罩。

（3）挂钩式更舒适：有些口罩的设计欠友好，佩戴时舒适性欠佳，儿童难以接受。目前市面上的口罩佩戴方式按舒适度排名为：挂钩式＞耳带式＞头戴式。

另外需要注意的是，由于婴幼儿的心肺功能没有发育成熟，缺乏主动有意识加强呼吸的能力，所以密闭性良好的防尘口罩是不建议婴幼儿佩戴的，可佩戴有呼吸阀的口罩。

能否通过调整膳食结构缓解雾霾对儿童健康的危害？

雾霾防不胜防，对儿童的健康危害严重且深远，家长们迫切想要找到减缓雾霾危害的措施。网络上充满了各类所谓的"防雾霾食品"，诸如有些商家推出"防霾茶"，有人提出吃萝卜、木耳等食物可以清除肺中的雾霾，这些说法有没有理论依据呢？

研究发现鱼油可以减轻雾霾对心血管健康的损害。另外，多吃水果蔬菜和抗氧化食品，如富含胡萝卜素并

具有抗氧化、抗衰老功能的绿色蔬菜，促进消化液分泌、有利于清理脂肪的洋葱，以及具有清肺润肺功能的藕、

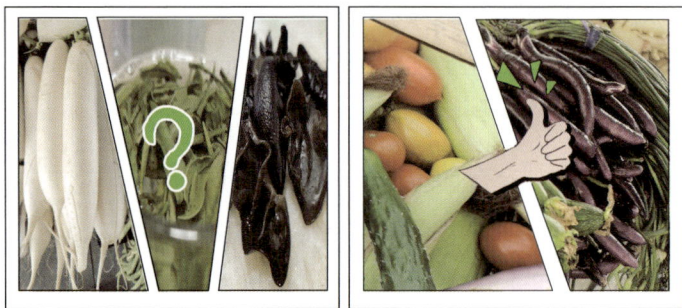

图10-4　饮食调节预防雾霾的不良影响

雪梨等食物，可以降低雾霾的危害（图10-4）。

　　需要注意的是，调整膳食结构的改变只能部分缓解雾霾对儿童健康一些方面的危害，最好的防护还是减少雾霾的暴露，雾霾天少出门，出门戴口罩，注意室内卫生等。此外，应注意采用这些饮食建议的时候，也要遵循合理的膳食搭配原则，过量摄入单品种的食物会有营养不良的风险。

（张蕴晖）

预防雾霾

第 11 章　霾之战：雾霾与预防

雾霾防控，我国出台了哪些政策或法律法规？

党的十九大会议明确了坚决打好污染防治攻坚战，打赢蓝天保卫战。2020 年，全国未达标地级及以上城市 $PM_{2.5}$ 平均浓度较 2015 年下降 28.8%，优良天数比率较 2015 年上升 5.8%。无论是监测数据，还是民众的实际感受，空气质量都得到明显改善。这些成绩的取得，得益于中央及地方性政府在治理雾霾方面出台的一系列法律法规和采取的雾霾防控举措。

(1)《中华人民共和国大气污染防治法》：1987 年 9 月 5 日第六届全国人民代表大会常务委员会第二十二次会议通过该法，此后进行了几次修订。该法旨在防治大气污染，保护和改善生态环境、生活环境，促进社会和经济的可持续发展。第一章第二条明确提出要加强对颗粒物和温室气体的协同控制；第二章特别强调"防治燃煤产生的大气污染"，对燃煤大气污染的防治作出了明确规定；第六章着重对重污染天气应对进行了明确的规定。

(2)《大气污染防治行动计划》：针对大气污染的防治问题，2013 年 9 月国务院发布了有史以来最为严厉的大气污染治理政策，从十个方面提出了 35 项措施。该计划是在新形势下专门针对大气污染治理制定出来的总体计划，特别提出通过综合治理减少大气污染物的排放，并加强工业企业大气污染治理、强化移动源污染防治等。该计划还特别就升级产业结构、提高技术创新能力、加快能源结构调整、增加清洁能源供应、严格节能环保准入、优化产业空间布局等提出了具体行动计划。

(3) 地方条例及规定：面对雾霾污染，地方政府也积极开展立法，并制定了一些地方性的规定。如《浙江省大气污染防治条例》《四川省灰霾污染防治实施方案》《北京市大气污染防治条例》《兰州市实施大气污染防治法办法》《山西省落实大气污染防治行动计划实施方案》等。

雾霾防控，政府采取了哪些举措？

有效识别并控制污染源，减少大气污染物排放是治理雾霾的根本。国家及地方政府采取了一系列措施（图 11-1）。

(1) 中央举措：①进行雾霾监测和污染源解析。我国在全国范围内设置了雾霾监测点，对雾霾污染程度和雾霾污染分布进行监测，对污染来源进行解析，从而判断雾霾的发生及发展趋势和产生来源，为治理雾霾提供依据。②提高煤炭的高效清洁利用，实施煤炭消费总量的控制。煤炭消耗占我国能源消耗的 70%，也是大气污染物排放的主要来源。控制消费总量的同时，开展煤炭的

图 11-1　我国多措并举，治理大气污染

高效清洁利用能大大减少能源的消耗及污染物的产生。③加强煤炭燃烧后污染物处理。要求燃煤电厂、燃煤锅炉、煤化工装置安装脱硫脱硝和除尘设施，控制燃煤排放的污染物。④加快清洁能源发展。发展水电、天然气、生物质能、风能、太阳能等清洁能源，减少大气污染物的排放。⑤增强公民的环保意识，倡导全社会形成文明、节约、绿色环保的生产、消费和生活方式。

(2) 地方举措：①机动车尾气控制。机动车尾气是雾霾颗粒的主要来源之一，如北京雾霾颗粒中机动车尾气贡献占比 22.2%。对于机动车保有量较大的城市，通过车号限行、购车限号、提高机动车污染物排放标准等政策，减少尾气排放和雾霾形成。②工业生产废气处置。对冶金、窑炉与锅炉、机电制造业等工业重点限制，减少废气排放。③建筑工地和道路交通扬尘控制。对建筑工地施工现场实施硬质围挡设置、车辆冲洗、洒水清扫、安装空气质量检测仪等措施，控制扬尘污染；增加道路两旁绿化、洒水车、清扫车等设施控制道路扬尘污染。④其他临时性、应急性管控措施制定。根据雾霾污染程度临时对机动车进行管制、关闭污染工厂、安放除霾设施等措施，在雾霾污染严重期间建议中小学停课等。

有些城市启动了除霾设备，如雾炮车、除霾塔，有效吗？

　　雾炮车也称多功能抑尘车（图 11-2），它通过高压将水雾化成微米级的水雾颗粒，与粉尘颗粒物大小相当，与城市中的雾霾碰撞、吸附，凝结成粉尘团并沉降。

　　在封闭环境中，水气雾的确可以有效降低环境颗粒物的水平。然而在开放的空间，这种效果微乎其微，因为空气和道路车辆的流动性，沉降下来的颗粒会再次漂浮。因此，雾炮车可在短期内可以降尘，但治霾作用非常有限。

　　除霾塔就是大型的室外空气净化器（图 11-3）。其底部的外立面安装了过滤网，通过玻璃集热棚聚集空气

图 11-2　雾炮车驱霾抑尘

图 11-3　除霾塔

并通过太阳光长波辐射对棚内空气进行加热，促使热气流上升。除霾塔可以通过过滤网将污染空气中的颗粒物滤除，并把过滤的空气从塔顶排出去，起到净化周围空气的作用。该装置不会产生放射性物质、也不会产生噪音，对居民的影响较小。在一些污染源难以移除的住宅区，设置该净化装置是一个较好的选择，可有效降低环境中颗粒物。2016 年 7 月，西安市花费 1200 万元建成了国内首个大型的试验除霾塔。根据监测数据，西安除霾塔可以降低 $10km^2$ 内 11%～19% 的颗粒物。从专业上来讲，大型的空气净化器的确有降低空气颗粒物浓度的作用。然而，其高昂的造价、过高的运营成本和作用范围限制了防霾塔大范围推广。

作为普通民众，能为防霾做什么？

习近平总书记指出："生态文明是人民群众共同参与共同建设共同享有的事业。"每个人都是生态环境的保护者、建设者、受益者。要增强全民节约意识、环保意识、生态意识，培育生态道德和行为准则，开展全民绿色行动，动员全社会都以实际行动减少能源资源消耗和污染排放，为生态环境保护作出贡献。为减少雾霾产生，建议从以下几方面做起。

(1) 树立绿色消费理念：要崇尚自然、追求健康，注重环保、节约资源和能源。

(2) 绿色出行、节能减排：倡导自行车、地铁等公共交通绿色低碳出行，尽可能减少汽车尾气排放，做到节能减排（图 11-4）。

(3) 养成绿色习惯：选择低能量、低消耗、低开支的生活方式，如购物自备环保袋、不燃放烟花爆竹，减少因个人生活方式给环境带来的污染。

(4) 培养绿色观念：看到污染环境的不良事件，及时拨打环保局举报热线（12369）；看到污染环境的不良行为，及时制止（图 11-5）；积极参与植树造林等系列环保公益活动。

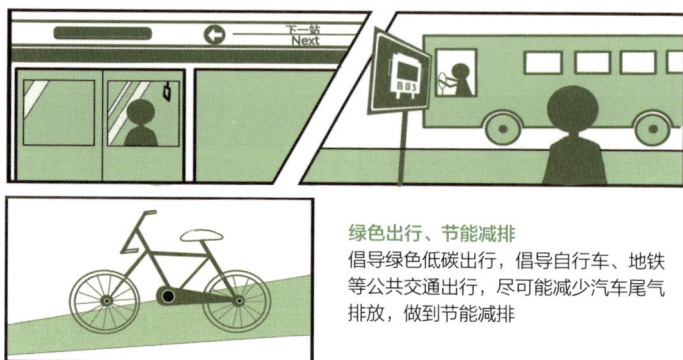

图 11-4　绿色出行、节能减排

绿色出行、节能减排
倡导绿色低碳出行，倡导自行车、地铁等公共交通出行，尽可能减少汽车尾气排放，做到节能减排

图 11-5　培养绿色观念，监督不环保行为

雾霾的易感人群有哪些？

雾霾严重危害着人体健康，国家卫生健康委员会制定的《空气污染（霾）人群健康防护指南》中指出，雾

霾污染防护的重点人群主要有三类：①老人、儿童、孕妇等敏感人群。颗粒物会增加儿童呼吸系统疾病的发病率，增加老年人群呼吸系统、心血管系统疾病的发生率，中浓度 $PM_{2.5}$ 暴露甚至导致老年人寿命降低。②患心肺疾病（如呼吸系统疾病、心血管疾病等）的人群。③长期在户外作业的人员，如建筑工人、环卫工人、交警、加油站工作人员等。

戴口罩可以有效防霾吗？需要注意什么？

在雾霾天气，外出佩戴口罩已成为出行"标配"，是最基本的防护措施。但由于 $PM_{2.5}$ 颗粒非常小，穿透性很强，普通口罩并不能阻隔 $PM_{2.5}$ 的吸入。佩戴口罩需注意以下几点。

(1) 选择合适口罩：目前市场上口罩种类较多，不同材质、不同功能的口罩在过滤性、抗菌性、舒适性等方面差异较大。在选购防雾霾口罩时应关注产品的功能或执行标准。

①普通口罩以及一次性无纺布口罩：此类口罩对于 $PM_{2.5}$ 等细颗粒物的阻挡抵御能力较低，可在空气污染

不严重时使用。

②医用外科口罩: 此类口罩与普通口罩外观相似, 颗粒物过滤的效率大于 30%, 佩戴方便, 舒适感也适中, 可在中等空气污染时佩戴。

③ KN95/N95、FFP2 及其以上标准的口罩: 此类口罩对 $PM_{2.5}$ 的防护作用较好, 可在空气污染严重时使用。但这类口罩舒适感较差, 不推荐长时间佩戴, 尤其是老人、心肺疾病患者, 长时间使用可能出现由于缺氧引发的各种并发问题。

④配有呼吸阀的防护口罩: 对于儿童、老人、孕妇及心肺疾病患者等重点人群, 应佩戴配有呼吸阀的防护口罩, 佩戴口罩前应向专业医师咨询确认。

(2) 正确佩戴口罩: 按照推荐的方法佩戴口罩, 要确保罩住口鼻, 保证口罩的气密性良好 (图 11-6)。

(3) 适时更换口罩: 长时间佩戴口罩后, 口罩外部会吸附一些颗粒物, 造成呼吸阻力增加; 口罩内部也会吸附呼出气中的细菌、病毒等。因此, 需根据口罩的呼吸阻力和卫生条件, 适时地更换口罩。一般普通口罩以及一次性无纺布口罩和医用外科口罩需要 4 小时更换一次, KN95/N95、FFP2 及其以上标准的口罩需要 6～8 小时

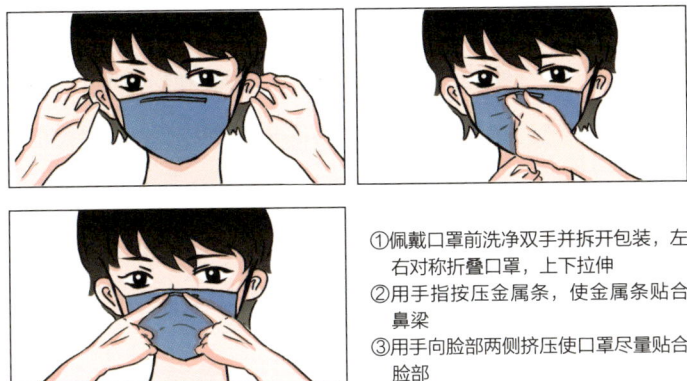

①佩戴口罩前洗净双手并拆开包装，左右对称折叠口罩，上下拉伸
②用手指按压金属条，使金属条贴合鼻梁
③用手向脸部两侧挤压使口罩尽量贴合脸部

图11-6　佩戴口罩的正确方法

更换一次；但空气污染严重时，则需要缩短口罩更换的时间。另外，一次性口罩不建议反复使用，避免带来二次污染。口罩在使用过程中，接触污染物或破损，应及时更换。

有人说，雾霾严重的时候，尽量不要张嘴吸气，这样有用吗？

有用！张嘴吸气会导致颗粒物直接进入呼吸道，而用鼻子吸气可以阻挡较大的颗粒物进入气道。事实上，鼻腔屏障和皮肤屏障一样，是人体对外界的第一道屏障，除了鼻毛的机械阻挡作用之外，鼻黏膜可起到过滤颗粒物的作用。当鼻腔受到颗粒物及附带细菌刺激时，人体出于自身保护作用，鼻黏膜局部的毛细血管就会扩张、充血、水肿、渗出，并分泌出大量的组织液清除颗粒物，发挥自我免疫的功能。在雾霾天出行，除戴口罩以外，应避免张嘴吸气，用鼻子呼吸，可发挥鼻腔的屏障功能。

雾霾预防除了减少吸入性暴露外，还需要注意哪些途径的暴露？

雾霾的主要暴露方式是通过呼吸道吸入暴露，除此之外，皮肤接触是另一重要途径。在污染环境中，皮肤的屏障功能会减弱，雾霾中所含的极细微灰尘颗粒、细沙颗粒、细菌、病毒颗粒等会黏附在皮肤上，破坏皮肤屏障功能，易使皮肤出现泛红、瘙痒等过敏反应，甚至出现炎症反应。因此，雾霾比较严重的天气外出时要穿包裹性较好的衣物，尽量减少皮肤裸露；同时要做好无包裹部位的保湿隔离，出门前可选择涂抹水乳液后涂抹隔离霜；外出归来后也需及时进行暴露在外皮肤的清洁，减少颗粒物在皮肤上的附着。

待在室内，需要进行雾霾防护吗？应如何防护?

非常有必要防护！

室内 $PM_{2.5}$ 的来源分为两类，一是室外污染源转移，二是室内污染源的释放，包括厨房油烟、卫生间细菌、吸烟、人正常呼吸排出的废气等。室内空气污染是影响人群健康的重要因素，其危害要高于室外污染，其中 22% 呼吸道疾病是由于室内环境污染所引起。因此，室内污染的防护也尤为重要。

我们可以通过以下措施，做好室内防护。

(1) 开窗通风：雾霾对人体的影响与其颗粒物浓度密切相关，通风条件差，空气不流通，污染物容易在室内累积。选择中午阳光较充足、污染物较少的时段短时间开窗换气，加强空气对流。若住所在马路边，应该避免长时间开窗。

(2) 注意厨房污染：避免烹调油烟较大的食物，如油炸、爆炒等。厨房油烟较大时，需加大油烟机风量，开窗通风，做好防护。

(3) 避免空调使用中的二次污染：空调系统冷却管道、通风管道、过滤网、散热片等都是灰尘聚集的"重灾区"。聚积的灰尘在启动空调时会随室内空气流动，容易造成空气污染。因此，要定时清洗空调。

（4）适量种植室内植物：适量种植绿色植物，如芦荟、吊兰、仙人掌等，可以帮助吸收有毒气体，净化空气（图 11-7）。

（5）使用空气净化器：建议有条件的家庭在室内使用空气净化器，以改善室内空气质量。科学研究表明，空气净化器能够显著改善室内空气质量，减少颗粒物和有机污染物等有害物质的浓度，降低患病风险。一方面，在开窗通风时，空气净化器可以吸附、分解或转化 $PM_{2.5}$ 等雾霾中的主要污染物，减少雾霾所带来的空气污染。另一方面，在雾霾天室内窗户关闭时，长时间的

图 11-7　绿色植物，净化室内环境

空气不流通，会造成室内空气质量的严重下降，不利于身体健康，而空气净化器能够保持室内空气清洁度，从而起到一定的预防作用。再加上室内原本就存在的特殊污染源，如烹饪油烟、尘螨等，势必对健康产生危害。因此，作为预防措施，空气净化器在日常生活中，尤其在雾霾天气时意义重大（图 11-8）。

随着科技进步，目前市面上的空气净化器功能逐渐多样化，比如除菌除尘和负离子模式等功能。但我们在选购家用空气净化器时要擦亮眼睛，避免不合格产品给身体健康带来不利影响。

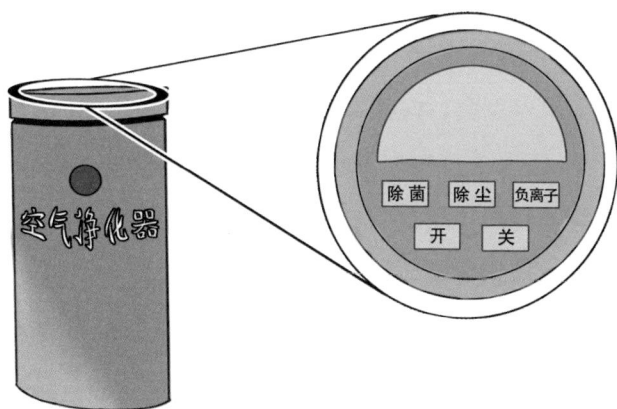

图 11-8　空气净化器可改善室内空气质量，预防雾霾引发的健康问题

科学饮食可以预防雾霾引起的健康危害吗？

食物无法做到完全"清肺"，但通过科学的饮食确实可以在一定程度上减轻雾霾的健康危害。研究表明，相较于粗的大气颗粒物，$PM_{2.5}$ 的粒径小、表面积大、活性强，更容易吸附空气中的化学物质、有害气体、病毒、细菌等。$PM_{2.5}$ 进入呼吸道和肺泡后，很难被人体清除，而且会引起人体的机体氧化应激和炎症反应。除了外在防护，通过内在调理增加免疫力也至关重要，平时膳食需注意以下几点。

(1) 清淡、均衡饮食：平时应尽量保证饮食清淡与平衡，少吃刺激性食物，多饮水，多吃些新鲜的蔬菜与水果，同时多摄入豆类、谷物等。

(2) 摄入"清肺"食物：针对雾霾可能引起的咳嗽、痰多等呼吸道症状，可结合自身体质，适当吃些润肺食物，比如清热解毒的雪梨、生津止渴的石榴、润肺止咳的柑橘，除此之外，还有萝卜、银耳、百合、柿子、葡萄、莲藕等食物，都有润肺的功能（图 11-9）。

(3) 摄入抑制炎症和（或）抗氧化的食物：针对 $PM_{2.5}$ 进入人体后的作用机制，可适当多摄入富含抗炎抗氧化

图 11-9　清肺食物

物质的食物，如类胡萝卜素、叶绿素丰富的蔬果，多酚类含量高的橄榄油，ω-3 脂肪酸含量高的鱼类水产等。研究表明，维生素 A～E、K 具有抗炎抗氧化的作用，可通过增补剂或者天然食物获取相应维生素。但不建议为了对抗雾霾危害特意服用大量具有抗氧化作用的增补剂，或者大剂量的维生素增补剂。这类增补剂，如果使用不当，很可能产生负面作用。切记，食疗只能辅助，如果出现明显不适症状，一定要及时就医。

喝茶能预防雾霾引起的健康危害吗？

喝茶一定程度上可以对抗雾霾产生的健康危害。茶叶中含有茶多酚、槲皮素、黄酮、可溶性糖、氨基酸、咖啡碱等有益于身心健康的营养和药效成分，具有消炎、抗氧化作用。研究表明，茶叶中的提取物能够消除自由基，减轻炎症反应，从而预防肺部疾病的发生。

中药能预防雾霾引起的健康危害吗？

中医理解雾霾是外邪之物，其本质属湿浊之邪，这个"邪"就是风寒暑湿燥火"六淫"之邪，邪气伤人往往会乘虚而入。我国古代对霾早有认识，《毛传》曰："霾，雨土也。"《史记·淮南衡山列传》载："且淮南王为人刚，今暴摧折之，臣恐卒逢雾露病死。"《辞海》谓雾露病又称霜露之病，《史记·平津侯主父列传》载："君不幸罹霜露之病。"

中医抗雾霾的法宝就是通过养生养肺的方法，扶持固护人体的正气，加强人体抵抗能力，增加肺脾功能。肺主气，卫外，肺卫气足，邪难入侵；脾主运化水湿，主生气，脾气一充，母能生子，则肺气有源，水分充足，且水湿不聚，内无湿则外湿难侵，不致内外两湿相引而发病。简单理解就是，可以提升自身对霾的防御能力，减少雾霾对人体的损伤。因此，可以通过补脾益肺化湿预防雾霾带来的影响。市场上有根据中医理论推出的一些保健茶、饮料、胶囊方剂等，如含丹皮酚、槲皮素、大黄素等成分的食品保健品，以及杏苏散、桑杏汤、清肺化痰丸、千金苇茎汤、连花清瘟方、清肺抗霾解毒方等一些复方，可在雾霾天适当服用。

除此之外，中医足疗、针灸推拿、八段锦、六字诀均可调顺气血，通过增强机体抵抗力间接对抗雾霾造成的健康危害。

对抗雾霾的健康危害，还要注意哪些问题？

(1) 选择合适时间段进行锻炼：雾霾常于早晨时最重，有害物质会更多，对呼吸系统损害亦更大。可以选择在太阳出来后再晨练，如果雾霾一整天都没有消散，可以改为室内锻炼。尤其是患有呼吸、心血管系统疾病的人，更要改变晨练习惯，选择合适的时间进行锻炼。

(2) 尽量减少外出，外出时做好防护：雾霾严重时，要尽量减少外出，尤其是呼吸系统疾病的患者。如果必须出门，尽量避免空气污染物浓度高的时间段外出。对于无法避免的室外活动，如上班路上的通勤等，建议正确佩戴专业的防霾口罩后再出门。此外，不论雾霾天还是无霾天，请减少在交通繁忙路段的逗留时间，因为交通来源的空气污染物往往毒性更高。

(3) 少吸烟或不吸烟：吸烟以及吸入"二手烟"对呼吸系统的健康危害很大，且吸烟会加剧空气污染的程度，也会加重雾霾造成的呼吸系统疾病。在雾霾天气下，吸烟者不论是外出还是待在室内，更要尽量少吸烟或者不吸烟。

（陈如程）